손에 잡히는 10분 SQL

SQL in 10 Minutes
Fifth Edition

Sams Teach Yourself SQL in 10 Minutes
by Ben Forta

손에 잡히는 10분 SQL (개정판) : 가볍게 시작하는 데이터 분석의 첫걸음

초판 1쇄 발행 2013년 9월 9일 **개정판 1쇄 발행** 2020년 10월 16일 **지은이** 벤 포터 **옮긴이** 박남혜 **펴낸이** 한기성 **펴낸곳** 인사이트 **편집** 신승준 **제작·관리** 신승준. 박미경 **용지** 월드페이퍼 **출력·인쇄** 현문인쇄 **후가공** 이지앤비 **제본** 자현제책 **등록번호** 제2002-000049호 **등록일자** 2002년 2월 19일 **주소** 서울특별시 마포구 연남로5길 19-5 **전화** 02-322-5143 **팩스** 02-3143-5579 **블로그** http://blog.insightbook.co.kr **이메일** insight@insightbook.co.kr **ISBN** 978-89-6626-268-7 책값은 뒤표지에 있습니다. 잘못 만들어진 책은 바꾸어 드립니다. 이 책의 정오표는 http://blog.insightbook.co.kr에서 확인하실 수 있습니다. 이 도서의 국립중앙도서관 출판예정도서목록(CIP)은 서지정보유통지원시스템 홈페이지(http://seoji.nl.go.kr)와 국가자료종합목록 구축시스템(http://kolis-net.nl.go.kr)에서 이용하실 수 있습니다.(CIP제어번호: CIP2020023584)

프로그래밍 인사이트

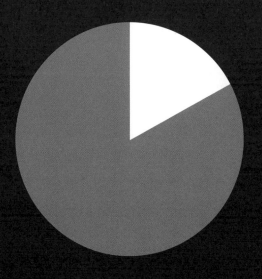

손에 잡히는 10분 SQL

SQL in 10 Minutes Fifth Edition

가볍게 시작하는 데이터 분석의 첫걸음

벤 포터 지음 | 박남혜 옮김

인사이트

차례

역자 서문

일상에서 인터넷이나 스마트폰은 이제 빼놓을 수 없을 정도로 생활화되어, 의식을 못하고 있을 때도 우리는 항상 데이터베이스를 사용하고 있다. 예를 들어, 인터넷 쇼핑몰에서 물건을 구매하거나 취소할 때, 포털 사이트에 가입하거나 정보를 찾기 위해 검색어를 입력할 때, 심지어 구매 이력을 조회하는 것까지 모두 데이터베이스를 활용해 이루어지는 일들이다.

SQL은 관계형 데이터베이스를 다루는 표준 언어로 데이터베이스에서 데이터를 저장, 조회, 수정, 삭제하는데 사용하는 질의 언어이다. 앞의 예처럼 사용자의 구매 이력을 저장하거나 사용자 정보를 조회하는 등에 사용하기도 하고, 직원 관리, 물품 관리, 재고 관리 등 전사적 자원 관리에 사용하기도 한다.

데이터베이스를 사용하는 개발자는 SQL 사용법을 기본적으로 잘 알아야 한다. 인덱스의 사용 유무나 조인 방식 등이 데이터를 가져오는 속도에 영향을 미치고, 이 속도가 서비스 품질을 좌우할 수 있기 때문이다. 반면 데이터베이스 관리자(DBA: DataBase Administrator)를 꿈꾸는 사람이나 데이터베이스를 직접 다루지 않더라도 IT 업계에 종사하는 사람이라면 SQL의 기본 개념 정도는 이해하는 것이 중요하다. 서비스나 솔루션의 핵심이 데이터이기 때문이다.

이 책은 SQL의 기본 지식을 매우 친절하게 설명하고 있다. 특정 DBMS에 종속적이지 않으면서도 자주 사용하는 SQL 명령문만을 한데 모아 제공하고 있다. 지름길은 없으니 요행을 바라지 말자. 또한 '천릿길도 한 걸음부터'라는 격언을 명심하여 책에 나와 있는 명령문을 하나씩 실제로 실행해 보면서 익히기를 권한다.

끝으로 번역 기회를 주신 인사이트 출판사에도 감사드린다.

— 박남혜

저자 서문

들어가는 글

SQL은 가장 널리 사용되는 데이터베이스 언어입니다. 응용 프로그램 개발자, 데이터베이스 관리자, 웹 디자이너, 모바일 앱 개발자, 일반적인 데이터 분석 도구 사용자라면, 데이터베이스를 사용할 때 SQL에 대한 실무 지식이 중요합니다.

여러 해 동안 웹 응용 프로그램 개발을 가르치고 있는데, 학생들이 끊임없이 SQL 책을 추천해 달라는 요청을 합니다. 이미 서점에는 많은 SQL 책이 있고, 일부 책은 상당히 괜찮은 편입니다. 하지만, 서점에 있는 여타 책의 공통점은 너무 많은 정보를 담고 있다는 점입니다. 즉, SQL의 기본 개념 자체를 알려주는 것보다 데이터베이스 디자인에서부터 관계형 데이터베이스 이론과 관리적인 요소까지 모든 것을 설명하려 합니다.

추천할 만한 책을 못 찾게 되어, 결국 저는 제 강의 경험을 여러분이 들고 있는 이 책에 녹여내야겠다고 생각했습니다. 이 책에서는 여러분이 반드시 알아야 하는 SQL의 기본 개념을 설명합니다. 간단한 데이터 검색부터 조인, 서브쿼리, 저장 프로시저, 커서, 트리거, 테이블 제약 조건 같은 주제까지 다루고 있습니다. 매우 단순하고 체계적이며 조직적으로 구성했기 때문에 각 장을 보는 데는 채 10분도 걸리지 않을 것입니다.

벌써 5판입니다. 이 책은 거의 50만 명의 영어권 사용자가 읽었고, 십여 개의 다른 언어로 번역되었습니다.

이번 개정판에서는 2장부터 18장의 끝에 장별 도전 과제를 포함했습니다. 배운 SQL을 다른 시나리오와 문제에 적용할 수 있는 기회를 제공합니다.

이제 1장을 펴서 시작하길 바랍니다. 세계적 수준의 SQL을 금방 터득하게 될 겁니다.

누구를 위한 책인가?

이 책의 독자는 다음과 같습니다.

- SQL을 처음 접하는 분
- SQL의 필수적인 개념을 빨리 배우고 싶은 분
- 프로그램을 개발할 때 SQL을 어떻게 사용하는지 알고 싶은 분
- 다른 사람의 도움 없이 SQL을 빨리 그리고 쉽게 사용하고 싶은 분

이 책에서 다루는 DBMS

이 책에서 다루는 대부분의 SQL은 어떤 데이터베이스 관리 시스템(DBMS: DataBase Management System)에도 적용할 수 있습니다. 다음은 이 책에서 다루는 DBMS입니다(SQL 실행 환경이 모두 똑같지는 않기 때문에 특별한 지시나 주의가 필요한 경우에는 따로 명시했습니다).

- IBM Db2 (Db2 on Cloud)
- Microsoft SQL Server(Microsoft SQL Server Express 포함)
- MariaDB
- MySQL
- Oracle(Oracle Express 포함)
- PostgreSQL
- SQLite

예제 데이터베이스(또는 예제 데이터베이스를 생성하는 SQL 스크립트)는 이 책의 웹 페이지인 *http://forta.com/books/0135182794*에서 다운로드할 수 있습니다.

감사의 글

수년 동안 지지, 헌신, 격려해 주신 집필 팀에게 매우 감사하다는 말을 전하고 싶습니다. 지난 20년 동안 40개 이상의 책을 함께 집필하였음에도 현재까지 가장 좋아하는 책이 바로 이 책입니다. 제가 자유롭게 개선할 수 있게 창의적인 자유를 준 덕분입니다.

도전 과제를 넣어 달라고 제안한 아마존 리뷰에도 감사드립니다. 덕분에 이번 판에 도전 과제를 추가할 수 있었습니다.

이 책에 피드백을 주신 많은 분께도 감사를 전합니다. 다행히도 대부분의 피드백이 긍정적이었습니다. 저는 여러분의 피드백을 항상 기다리고 있습니다.

이 책을 학과 커리큘럼으로 지정해준 대학 관계자께도 감사를 드리고 싶습니다. 교수와 강사에게 신뢰를 얻는다는 것은 엄청나게 보람 있는 일이라고 생각합니다.

마지막으로 이 책을 구매한 독자에게 감사드립니다. 이 책을 그저 베스트셀러로 만든 것이 아니라, 이 주제가 베스트셀러라는 것을 입증하였습니다. 여러분의 지속적인 지원이 가장 큰 칭찬이라고 생각합니다.

— 벤 포터

SQL 입문자를 위한 이 책 100% 활용법

이 책의 한국어판은 이전 판과 달리 입문자도 쉽게 공부하도록 실제적인 실습 요소를 강화하였습니다. SQL을 다루어본 경험이 전혀 없는 분도 이 책의 과정을 차분히 따라 하면 능히 SQL의 기본 개념과 방법을 쉽게 터득할 수 있습니다. 입문자는 이 책을 다음과 같은 순서로 공부하길 바랍니다.

1. 1장에서 데이터베이스의 기본 개념 익히기

입문자가 아니라 SQL을 조금이나마 경험해 보신 분에게 이 책이 주는 이점은 가볍게 정리할 수 있다는 점, 여러 DBMS에서 다루는 SQL 문을 다양하게 비교해 볼 수 있다는 점입니다. 반면 입문자들은 기본적인 개념을 충실히 이해해야 합니다. 1장은 SQL의 배경이 되는 데이터베이스 이론과 주요 개념들을 알기 쉽게 설명해 두었습니다.

2. 2장에 앞서 부록 A. 샘플 테이블 스크립트를 공부하기

부록 A에서는 이 책에서 다루는 샘플 데이터베이스 파일을 소개합니다. 실습을 따라 하기 위해서는 먼저 5개의 테이블이 어떤 구조로 설계되어 있고, 어떤 데이터가 들어있는지 잘 알고 있어야 합니다. 데이터의 구조와 상태를 이해하지 못한다면 SQL 문을 실습하더라도 그 의미가 잘 와닿지 않습니다.

3. 부록 B. Oracle Live SQL 사용법 익히기

이 책에서는 입문자들이 직접 실습할 수 있는 환경으로 Oracle Live SQL (*https://livesql.oracle.com/*)을 선택했습니다. Live SQL의 가장 큰 장점은 내 컴퓨터에 데이터베이스 클라이언트 프로그램을 별도로 설치할 필요가 없다는 것입니다. 클라이언트 프로그램들은 대부분 설치 과정이 복잡해 입문자들이 공부하는 데 큰 걸림돌이 되어왔습니다. 반면 Live SQL은 온라인으로 제공하는 연습용 사이트입니다. 설치 과정이 전혀 없기 때문에 데이터만 잘 세팅하면 손쉽게 SQL을 연습할 수 있습니다. 자세한 내용은 부록 B를 참고하길 바랍니다.

4. 1일 10분, 한 챕터씩 공부하면서 실습은 Live SQL로

이 책은 서문에서도 언급한 것처럼 내용이 아주 잘 조직되어 있습니다. 잘 조직되어 있다는 것은 쉬운 것부터 단계적으로 학습할 수 있도록 잘 안배되어 있다는 뜻입니다. 공부하다가 SQL 코드의 **실습하기** 를 만나면 Live SQL 사이트에서 실습하면 됩니다. 다만 일부 예제의 경우에는 **실습하기** 가 따로 없는데, 이것은 Oracle에서 지원하지 않는 경우입니다. 또한 19장부터는 SQL 고급 기능이어서 별도의 실습 없이 개념을 이해하는 데 주력하시길 바랍니다.

5. 도전 과제 풀기

이번 판부터는 장별로 도전 과제가 제시됩니다. 저자는 지금까지 배운 내용을 잊지 않도록 복습 문제를 제공하고 있습니다. 뒤로 갈수록 기존에 배운 내용을 복합적으로 활용하는 문제도 나오지만, 대체로 그 장에서 배운 내용을 가볍게 확인하는 문제들이므로 활용하면 도움이 됩니다(도전 과제에 대한 모범 답안과 결과 화면은 부록 F에서 제공합니다).

일러두기

용어: 낯선 용어 또는 중요 용어에 대해 설명하는 아이콘

팁: 이 책을 활용하는 데 도움이 될 만한 조언을 해주는 아이콘

노트: 개념 설명이나 문법 등에서 좀 더 상세한 정보를 제공해주는 아이콘

주의: 효율적인 SQL 문을 사용하기 위해 주의할 점을 알려주는 아이콘

1장

SQL 이해하기

이 장에서는 SQL이 무엇이고, SQL로 무엇을 할 수 있는지 알아본다.

데이터베이스 기본

SQL 책을 읽는다는 것은 지금 데이터베이스(즉, 관계형 데이터베이스)를 사용하고 있다는 것을 의미한다. 왜냐하면 SQL은 데이터베이스를 사용할 수 있게 해주는 언어이기 때문이다. SQL을 알아보기 전에 데이터베이스와 데이터베이스 기술의 기본 개념을 먼저 이해하는 것이 중요하다.

우리가 인지하지 못하는 상황에서도 우리는 항상 데이터베이스를 사용하고 있다. 예컨대 핸드폰에서 전화번호를 찾을 때, 이메일 주소록에서 이름을 하나 가져올 때 그리고 구글에서 검색할 때에도 우리는 데이터베이스를 사용하고 있다. 직장에서 네트워크에 접속할 때도 이름과 비밀번호가 맞는지, 현금자동지급기에서 돈을 인출할 때도 PIN 번호가 맞는지 확인하기 위해 데이터베이스를 사용한다.

> **🔤 PIN**
>
> PIN(Personal Identification Number)은 개인을 식별할 수 있는 숫자라는 뜻이다.

이렇게 항상 데이터베이스를 사용하고 있음에도 데이터베이스가 정확히 무엇인지에 대해서는 혼선이 존재하는데, 그 이유는 많은 사람이 데이터베이스란 용어를 각자 다른 의미로 사용하고 있기 때문이다. 그래서 가장 중요하고 빈번히 사용되는 데이터베이스 용어를 먼저 설명하고자 한다.

> ### ♀ 데이터베이스 개념 점검하기
>
> 지금부터는 몇 가지 기본적인 데이터베이스 개념을 간략히 설명한다. 만약, 데이터베이스를 다뤄본 경험이 있는 사용자라면 기억을 되살리는 데 도움이 될 것이고, 데이터베이스를 한 번도 접해 본 적이 없는 사용자라면 기초 지식을 다질 수 있을 것이다. SQL을 마스터하기 위해서는 데이터베이스를 이해하는 것이 중요하다. 이 주제를 더 깊이 있게 공부하기 위해 필요하다면 데이터베이스 기본서를 살펴보는 것도 좋다.

데이터베이스

데이터베이스(Database)라는 용어는 많은 곳에서 서로 다르게 사용된다. 하지만 우리의 목적에 맞게 (그리고 SQL 관점에서) 설명하자면, 정리된 방식으로 데이터를 저장하는 공간이라는 의미이다. 가장 단순하게 생각하는 방법은 데이터베이스를 파일 캐비닛으로 상상하는 것이다. 파일 캐비닛은 어떤 데이터가 어떻게 정리되었는지 관계없이 단순히 데이터를 저장하기 위한 물리적인 공간으로 볼 수 있다.

> ### 🔠 데이터베이스
>
> 정리된 데이터를 저장하기 위한 그릇(하나 또는 여러 개의 파일)
>
> ### ⚠ 혼동을 야기하는 잘못된 사용
>
> 사람들은 보통 데이터베이스 소프트웨어를 데이터베이스라고 부른다. 이런 잘못된 사용이 많은 혼선을 유발한다. 데이터베이스 소프트웨어는 실제로는 데이터베이스 관리 시스템(DBMS: DataBase Management System)이라 부르고, 데이터베이스는 이

DBMS를 생성하고 조작하는 물리적인 저장공간을 말한다. 데이터베이스가 정확히 무엇이고 어떤 형태인지는 각각의 데이터베이스마다 다르다.

데이터베이스 관리 시스템, 즉 DBMS(앞으로는 이 약칭을 사용한다)와의 대화에 필요한 것이 바로 SQL이다. 현재 사용되는 DBMS로는 Oracle, Db2, SQL Server, Postgre SQL, MySQL, SQLite 등이 대표적이다.

테이블

자, 파일 캐비닛에 정보를 저장한다고 가정해보자. 여러분이라면 파일 캐비닛 서랍에 데이터를 마구잡이로 던져 놓겠는가? 아마 대부분은 캐비닛 안에 파일을 만든 후, 그 파일과 서로 관련 있는 데이터를 보관할 것이다.

데이터베이스에서는 이 파일을 테이블(Table)이라고 부른다. 테이블은 특정한 형태의 데이터를 저장할 수 있는 구조화된 파일이다. 테이블에는 고객 목록, 제품 목록처럼 특정한 형태의 정보 목록을 저장할 수 있다.

📖 테이블

특정한 형태의 데이터로 이루어진 구조화된 목록

여기서 중요한 점은 테이블에 저장하는 데이터는 한 가지 종류거나 목록이라는 것이다. 여러분이 만약 고객 목록과 주문 목록을 데이터베이스에 저장해야 한다면, 이 둘을 같은 테이블에 저장하지는 않을 것이다. 동일한 테이블에 고객 목록과 주문 목록을 저장하면 후속 검색과 접근이 힘들어진다. 따라서 테이블을 각각 하나씩 만드는 것이 낫다.

데이터베이스의 모든 테이블은 다른 테이블과 구별되는 고유한 이름을 가진다. 즉, 데이터베이스에는 같은 이름의 테이블이 존재할 수 없다.

> ✏️ **테이블 이름**
>
> 테이블 이름이 고유한 이유는 여러 항목을 조합(데이터베이스 이름, 테이블 이름도 포함)해 테이블 이름을 짓기 때문이다. 어떤 데이터베이스는 테이블 이름에 데이터베이스의 사용자 이름을 포함시켜 고유하게 만들기도 한다. 단, 같은 데이터베이스에서는 테이블 이름을 동일하게 사용할 수 없지만, 다른 데이터베이스에서는 동일한 이름으로 다시 사용할 수 있다.

테이블은 데이터를 어떤 형태로 저장할지 정의하는 여러 데이터 구조와 속성으로 이루어져 있다. 이 구조와 속성에는 어떤 데이터를, 어떻게 쪼개 저장하고, 쪼개진 각 조각의 이름은 무엇인지 등의 정보가 포함된다. 이런 정보 집합을 스키마라고 하는데, 스키마는 특정 테이블뿐 아니라 전체 데이터베이스를 표현하는 데도 사용된다. 또한, 테이블 간의 관계를 표현하는 데도 사용한다.

> 🔤 **스키마(Schema)**
>
> 데이터베이스, 테이블의 구조와 속성에 대한 정보

열과 데이터형

테이블은 열(Column)로 구성된다. 열은 테이블 내에서 특정한 정보 조각을 저장한다.

> 🔤 **열(Column)**
>
> 테이블에 있는 하나의 필드. 모든 테이블은 한 개 이상의 열로 구성되어 있다.

열을 이해하는 가장 좋은 방법은 데이터베이스 테이블을 엑셀과 같은 스프레드시트로 상상하는 것이다. 스프레드시트에 있는 각 열은 특정한 정보를 담는다. 예를 들면 고객 테이블의 한 열에는 고객 번호, 다른 열에는 고객 이름, 또 다른 열에는 주소를 저장할 수 있다.

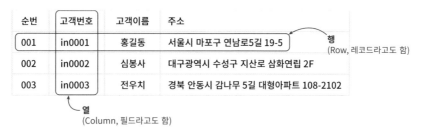

순번	고객번호	고객이름	주소
001	in0001	홍길동	서울시 마포구 연남로5길 19-5
002	in0002	심봉사	대구광역시 수성구 지산로 삼화연립 2F
003	in0003	전우치	경북 안동시 감나무 5길 대형아파트 108-2102

행
(Row, 레코드라고도 함)

열
(Column, 필드라고도 함)

그림 1-1 고객 테이블의 구조

한편 데이터를 나눌 때 얼마나 작게 나눌 것인가 하는 것은 그때의 요구사항에 따라 다르다. 예를 들어 주소를 저장할 때 통상적으로 도로명과 건물 이름을 함께 저장한다. 만일 건물 이름으로 데이터를 정렬할 필요가 없다면 전혀 문제가 되지 않지만, 그렇지 않다면 도로명과 건물 이름을 나누는 것이 좋다.

> ♀ 데이터 나누기
>
> 여러 개의 열에 데이터를 올바르게 나누어 넣는 것은 매우 중요한 작업이다. 예를 들어 시, 구, 동, 우편번호는 일반적으로 다른 열에 저장해야 하는데, 데이터를 나눠 저장하면 특정 열로 정렬하거나 추출할 수 있다. 데이터를 나누는 것은 데이터베이스를 설계하는 시점에서 서비스의 요구 사항에 따라 달라질 수 있다.

데이터베이스에 있는 각각의 열은 데이터형(Datatype)을 가지고 있다. 데이터형은 열에 저장할 수 있는 데이터의 유형을 정의한다. 예를 들어 어떤 열이 숫자를 저장하고 있다면, 그 열의 데이터형은 수치형 데이터형일 것이다.

열이 날짜, 문자, 주석, 통화 등을 저장한다면, 그것을 표현할 수 있는 적절한 데이터형이 사용될 것이다.

> **⚙ 데이터형**
>
> 허용되는 데이터의 유형. 모든 테이블 열에는 관련된 데이터형이 있는데 특정 데이터를
> 제한하거나 허용한다.

데이터형은 열에 저장할 수 있는 데이터를 제한한다(예를 들면 수치형 열에는
문자가 들어갈 수 없다). 데이터형은 데이터를 바르게 정렬할 수 있도록 해주
고, 디스크 사용량을 최적화하는 데 중요한 역할을 한다. 따라서 테이블을 생
성할 때 적절한 데이터형을 고를 수 있도록 신중히 처리해야 한다.

> **⚠ 데이터 호환성**
>
> 데이터형과 데이터형의 이름은 서로 다른 SQL 소프트웨어가 호환되지 않게 하는 주요
> 원인 가운데 하나다. 기본 데이터형은 대부분의 SQL에서 지원하는 데 반해, 고급 데이터
> 형은 그렇지 않다. 심지어 데이터베이스 관리 시스템(DBMS)마다 같은 데이터형을 다르
> 게 부르는 경우도 있다. 우리가 이를 개선할 방법은 없지만 적어도 테이블 스키마를 생성
> 할 때 항상 고려해야 한다.

행

테이블에 있는 데이터는 행(Row)에 담긴다. 다시 말해 저장되는 각 레코드는
각각의 행에 담기게 된다. 엑셀과 같은 격자무늬의 테이블을 상상해보자. 격자
무늬의 세로가 테이블 열이고, 가로가 테이블 행이다.

예를 들어 고객 테이블의 한 행에는 한 명의 고객 정보를 저장한다. 테이블
에 있는 행의 개수는 그 안에 들어 있는 레코드의 수이다.

> **⚙ 행(Row)**
>
> 테이블에 있는 레코드

> ✏️ **레코드? 행?**
>
> 아마도 행을 레코드(Record)라고 부르는 것을 들어본 적이 있을 것이다. 대부분은 두 개의 용어가 똑같은 의미로 통용되지만, 기술적으로는 행이 올바른 용어이다.

기본 키

테이블에 있는 모든 행은 각 행을 다른 행과 특별히 구별 짓게 하는 열(또는 열 집합)을 가져야 한다. 고객 정보를 담고 있는 테이블은 이런 목적을 위해 고객 번호 열을 사용할 수 있고, 주문 정보를 담는 테이블은 주문 ID 열을 사용할 수 있다. 또 이런 목적으로 직원 목록 테이블은 직원 ID를, 도서목록 테이블은 ISBN을 사용할 수도 있다.

테이블의 각 행을 구별해주는 열(또는 열 집합)을 기본 키(Primary Key)라고 부른다. 기본 키는 특정 행을 참조하기 위해 사용되는데, 기본 키 없이 테이블에 있는 특정 행을 업데이트하거나 삭제하는 것은 매우 힘들다. 영향을 줄 행만 업데이트하거나 삭제할 수 있는 안전하고 보장된 방법이 없기 때문이다.

> 📑 **기본 키**
>
> 테이블에 있는 각 행을 구별 짓는 열(또는 열 집합)
>
> 💡 **항상 기본 키를 정의하라.**
>
> 실제로 기본 키가 요구되지 않더라도, 대다수 데이터베이스 설계자는 생성한 모든 테이블에서 기본 키를 만들어 미래에 데이터를 조작하고 관리할 수 있도록 해야 한다.

다음의 조건을 만족할 수 있다면, 테이블의 어떤 열도 기본 키로 정의할 수 있다.

- 두 행이 같은 기본 키 값을 가질 수 없다.
- 모든 행은 기본 키 값을 가져야 한다(즉, 기본 키 열은 NULL 값을 허용하지 않는다).
- 기본 키 열에 있는 값은 변경하거나 업데이트할 수 없다.

- 기본 키 값은 재사용할 수 없다(테이블에서 어떤 행을 삭제할 경우 그 기본 키도 삭제되지만 다른 행에 다시 할당할 수 없다).

기본 키는 보통 테이블 안에 있는 한 개의 열로 정의하지만, 반드시 하나의 열로만 정의할 필요는 없다. 여러 개의 열을 함께 조립하여 기본 키로 정의할 수 있는데, 다수의 열을 사용하면 위에 있는 규칙은 기본 키가 포함된 모든 열에 적용되어야 한다. 그리고 기본 키로 정해진 모든 열을 조합한 값은 고유해야 한다(각각의 열이 고유한 값을 가질 필요는 없다).

한편 외래 키(Foreign Key)라고 불리는 또 다른 중요한 키가 있다. 외래 키는 12장에서 다룬다.

SQL이란 무엇인가

SQL은 구조화된 질의 언어(Structured Query Language)의 준말로 S-Q-L(에스큐엘) 또는 Sequel(시퀄)로 발음한다. SQL은 데이터베이스와 소통하기 위해 고안된 언어로, 음성 언어인 영어나 프로그래밍 언어인 Java, C, Python과는 달리 의도적으로 아주 적은 수의 단어로만 구성되어 있다. SQL은 한 가지만을 잘하기 위해 고안되었다. 그래서 매우 간단하면서도 효율적인 방법으로 데이터베이스에서 데이터를 읽거나 쓸 수 있다.

그럼 SQL의 장점은 무엇일까?

- SQL은 특정 데이터베이스 회사가 독점하는 언어가 아니다. 대부분의 대형 DBMS가 SQL을 지원하기 때문에 이 언어를 익히면, 거의 모든 데이터베이스를 사용할 수 있다.
- SQL은 배우기 쉽다. SQL 명령문은 서술식의 영어 단어로 구성되어 있고, 쓰이는 단어도 많지 않다.
- 이와같은 단순함에도, SQL은 매우 강력한 언어다. 명령어를 적절하게 조합하여 솜씨 있게 사용하면 복잡하면서도 정교한 데이터베이스 작업을 수행할 수 있다.

이제 SQL의 장점에 대해 알았으니 본격적으로 SQL을 학습해보자.

> ### 🖉 SQL 확장
>
> 많은 DBMS 회사가 기능을 추가로 제공하거나, 특정 작업을 단순화하기 위해 명령문이나 지시어를 추가하고 있다. 이런 확장은 때로는 매우 유용하지만, 지나치게 자사 DBMS에 의존적이어서 다른 회사의 DBMS에서는 지원되지 않는다.
>
> 표준 SQL은 ANSI(American National Standards Institute) 표준 위원회에서 관리하기 때문에 ANSI SQL이라고 부른다. 대형 DBMS(심지어 확장 기능을 제공하는 회사조차는) 모두 ANSI SQL을 지원한다. 이 책에서 알려주는 SQL은 대부분 ANSI SQL이지만, 간혹 특정 DBMS의 SQL을 사용하는 경우가 있는데, 그럴 때는 따로 표기했다.
>
> SQL이 확장된 언어는 Oracle에서 사용하는 PL-SQL, Microsoft SQL Server에서 사용하는 Transact-SQL 등과 같이 SQL을 포함한 고유한 이름을 가진다.

실습해보자

다른 언어와 마찬가지로 SQL을 가장 빨리 배우는 방법은 직접 실습해보는 것이다. 실습에는 데이터베이스와 SQL 문을 테스트할 수 있는 DBMS가 필요하다. 이 책에서는 실제 SQL 문과 데이터베이스 테이블을 사용하므로, 실습해보려면 다음 팁에서 설명하는 대로 특정 DBMS에 접속해야 한다.

> ### 💡 어떤 DBMS를 사용해야 할까?
>
> 책에 나온 내용을 따라 해보려면 DBMS에 접속해야 하는데, 어떤 DBMS를 사용해야 할까? 다행스럽게도 이 책에서 배울 SQL은 주요 DMBS를 대부분 다루고 있으므로 편의성과 단순성을 기준으로 선택하면 된다.
>
> 기본적으로 실습을 진행하는 방식에는 두 가지가 있다. 하나는 자신의 컴퓨터에 DBMS(그리고 함께 지원하는 클라이언트 프로그램)를 설치하는 방식이다. 이렇게 하면 접근과 통제가 쉽다. 그러나 SQL을 처음 배우는 데 있어 DBMS 소프트웨어를 설치하고

구성하는 것이 여간 까다로운 게 아니다. 대안으로 원격(또는 클라우드 기반) DBMS에 접속하는 방법도 있다. 이 방식은 설치하거나 관리할 게 전혀 없다.

만약 DBMS 소프트웨어를 직접 설치하기로 했다면 수많은 선택이 있는데, 두 가지를 제안한다.

- MySQL(또는 여기서 분리해 나온 MariaDB)은 가장 많이 사용되는 DBMS 중 하나로, 무료이고 대다수 주요 운영체제에서 지원되며, 설치가 상대적으로 쉽다는 점에서 매우 좋은 선택이다. MySQL은 SQL을 입력할 수 있는 명령어 도구를 함께 제공하지만, MySQL Workbench를 선택하여 사용하는 게 낫다. 따라서 함께 다운로드한다 (보통 별도 설치).
- 윈도우 사용자라면 강력하고 인기 있는 SQL Server의 무료 버전인 Microsoft SQL Server Express를 사용할 수 있다. 여기에는 SQL Server Management Studio라는 사용자 친화적인 클라이언트 프로그램이 포함된다.

또 다른 방법으로는 원격(또는 클라우드 기반) DBMS를 사용할 수 있다.

- 직장에서 SQL을 배우고 있다면 회사가 이미 사용하는 DMBS가 있다. 이런 경우라면 회사의 DBMS에 로그인하고 SQL을 입력해보거나 테스트할 수 있도록 연결해주는 도구가 제공될 것이다.
- 클라우드 기반 DBMS는 자기 컴퓨터에 직접 설치하지 않아도 DBMS의 이점을 효과적으로 제공하는 가상 서버에서 실행되는 DBMS다. 주요 클라우드 서비스 공급자(Google, Amazon, Microsoft 포함)가 클라우드에서 DBMS를 제공하는데, 안타깝게도 이 책을 쓰는 시점에는 (보안 원격 접속 설정을 포함하여) 세팅하는 게 쉽지 않았다. 그래서 자기 컴퓨터에 직접 DBMS를 설치할 때보다 더 많은 작업을 해야 할 때가 많았다.
- 무료면서 웹 인터페이스를 제공하는 오라클의 Live SQL과 IBM의 Db2는 예외다. 단지 웹 브라우저에서 SQL 문을 입력하기만 하면 된다(이 책 한국어판의 실습 과정은 이 방식을 따른다).

> 📑 **클라이언트(Client) / 클라우드(Cloud) 서비스**
>
> - 클라이언트: 서버에 연결된 프로그램. 여기서는 사용자 프로그램.
> - 클라우드 서비스: 사용자가 필요한 자료나 프로그램을 자신의 컴퓨터에 설치하지 않
>   고도 인터넷 접속을 통해 언제 어디서나 이용할 수 있는 서비스.

2장부터는 "정리해보자" 다음에 도전 과제를 확인할 수 있다. 도전 과제를 통해 해당 장에서 명시적으로 언급하지 않은 문제를 풀면서 새로 배운 SQL 지식을 활용해 볼 기회를 제공한다. 여러분이 해답이 맞는지 궁금하다면(또는 막막하거나 도움이 필요하다면) 이 책의 웹 페이지에 가면 확인할 수 있다(이 책의 한국어판에서는 별도의 해답을 부록 F에 실어 놓았다).

정리해보자!

이 장에서는 SQL이 무엇이고 왜 유용한지에 대해 배워 보았다. SQL은 데이터베이스와 소통하기 위해 사용한다. 이 장에서는 몇 가지 기본적인 데이터베이스 용어에 대해서도 검토하였다.

2장

데이터 가져오기

이 장에서는 테이블에서 하나 이상의 열을 가져오기 위해 매우 중요한 SELECT 명령문(이하 명령문은 문으로 축약해 사용될 것이다)의 사용 방법을 학습한다.

SELECT 문

1장에서 설명한 바와 같이 SQL 문은 간단한 용어로 구성되어 있다. 이런 용어를 키워드라고 부르는데, 모든 SQL 문은 하나 이상의 키워드로 구성된다.

　아마도 여러분이 가장 자주 사용하게 될 SQL 문은 SELECT일 것이다. SELECT 문은 테이블에서 정보를 가져오기 위해 사용한다.

> **📖 키워드**
>
> SQL 언어의 일부분인 예약어를 말하며, 키워드는 테이블 이름 또는 열 이름으로 사용할 수 없다. 부록 E에 자주 사용하는 예약어를 기술해 놓았다.

SELECT 문으로 데이터를 가져오려면, 최소한 두 가지 정보는 반드시 명시해야 한다. 무엇을 가져올지 그리고 어디에서 가져올지가 그것이다.

> **✏️ 예제 실습하기**
>
> 이 책에 나오는 간단한 SQL 문과 예제 결과는 대부분 부록 A "샘플 테이블 스크립트"에 있는 데이터 파일을 사용한다. 예제를 직접 실습하기를 원한다면(실습을 강력히 권장한다), 데이터 파일을 생성하거나 다운로드할 방법이 적힌 부록 B "Oracle Live SQL 사용하기"를 참조하기 바란다.
>
> **💡 정확한 데이터베이스의 사용**
>
> DBMS를 사용하면 다수의 데이터베이스(1장에서 파일 캐비닛으로 비유 참고)를 사용할 수 있다. 샘플 테이블을 설치할 때 (부록 A를 참고해) 새 데이터베이스에 설치하기를 권장한다. 새로운 데이터베이스에 잘 설치했다면, 실습을 계속 진행하기 앞서 방금 샘플 테이블을 새로 설치한 그 데이터베이스를 선택했는지 확인해보자. 이 장을 배워가면서 알 수 없는 테이블에 대한 오류가 발생한다면 대부분 잘못된 데이터베이스에서 실행했을 가능성이 크다.

하나의 열 가져오기

간단한 SQL **SELECT** 문부터 살펴보자.

➡️ 입력 ▼　　　　　　　　　　　　　　　　　　　　　　　　　　　　　　`실습하기`

```
SELECT prod_name
FROM Products;
```

☑️ 설명 ▼

위 문장은 Products 테이블에서 prod_name이라고 불리는 하나의 열을 가져오기 위해 SELECT 문을 사용하였다. SELECT 키워드 바로 오른쪽에 가져오고 싶은 열 이름을 적고, FROM 절에는 가져올 데이터가 있는 테이블 이름을 적는다.

이 명령문의 결과는 다음과 같다.

➡️ 결과 ▼

```
prod_name
```

```
--------------------
Fish bean bag toy
Bird bean bag toy
Rabbit bean bag toy
8 inch teddy bear
12 inch teddy bear
18 inch teddy bear
Raggedy Ann
King doll
Queen doll
```

어떤 DBMS 클라이언트를 사용하느냐에 따라 검색된 행의 수와 처리 시간을 알려주는 메시지가 함께 표시될 수도 있다. 예를 들어, MySQL에서는 다음과 같은 메시지가 추가로 표시된다.

```
9 rows in set (0.01 sec)
```

> ✏️ **정렬되지 않은 데이터**
>
> 이 쿼리(우리말로는 질의다. 자주 등장하므로 쿼리라는 표현에 익숙해지는 게 좋다) 문을 직접 실행해보면 데이터가 앞서 본 것과 다른 순서로 출력될 수도 있다. 그렇다 하더라도 맞게 동작하는 것이니 걱정하지 않기를 바란다. 쿼리 결과를 정렬하겠다고 명시하지 않으면(정렬은 다음 장에서 배울 것이다), 데이터는 의미 없는 순서로 반환된다. 데이터가 테이블에 추가된 순서일 수도 있고, 그렇지 않을 수도 있다. 여러분의 쿼리 결과가 같은 수의 행을 가져온다면, 제대로 동작하는 것이다.

앞에서 사용한 것과 같은 간단한 **SELECT** 문은 테이블에 있는 모든 행을 가져온다. 데이터를 추출하여 결과의 일부만 가져오거나, 정렬하여 출력하지도 않는다. 필터링(추출)이나 정렬은 이후 배울 것이다.

> 💡 **문장 끝내기**
>
> 여러 SQL 문을 사용할 때는 반드시 세미콜론(;)으로 분리해야 한다. 대부분의 DBMS에

서는 하나의 SQL 문일 때는 세미콜론을 붙일 필요가 없지만, 어떤 DBMS를 사용하냐에 따라 한 SQL 문이더라도 세미콜론을 사용해야 할 때가 있다. 물론 원한다면 항상 세미콜론을 붙여도 된다. 실제 필요는 없더라도 손해를 볼 것은 없기 때문이다.

✐ SQL 문과 대소문자

SQL 문은 대소문자를 구분하지 않는다는 점을 기억해두자. 그래서 SELECT는 select 나 Select로 써도 무방하지만, 많은 SQL 개발자가 SQL 키워드는 대문자로 작성하고 열 이름이나 테이블 이름은 소문자로 작성하는 게 코드를 읽거나 디버깅하기 쉽다고 생각한다. 단, SQL 언어는 대소문자를 구분하지 않지만, 테이블 이름, 열 이름, 값은 대소문자를 구분할 수도 있다는 점은 잊지 말아야 한다(이것도 여러분이 사용하는 DBMS의 설정에 따라 달라지곤 한다).

▦ 디버깅(Debugging)

컴퓨터 프로그램 개발 단계에서 발생하는 시스템의 논리적인 오류나 결함(버그)을 검출하여 제거하는 과정

♀ 공백 문자(White Space)의 사용

SQL 문에서 추가로 사용된 공백 문자는 모두 무시된다. 그래서 SQL 문에서는 명령문을 하나의 긴 문장으로 쓰거나 여러 줄에 걸쳐 나누어 쓸 수 있다. 다음에 나오는 세 개의 문장은 기능적으로는 모두 동일하다.

```
SELECT prod_name
FROM Products;

SELECT prod_name FROM Products;

SELECT
prod_name
FROM
Products;
```

대부분의 SQL 개발자는 여러 줄로 나누어서 쓰는 것을 읽거나 고치기에 좀 더 편하다고 생각한다.

> **🔠 공백 문자**
>
> 스페이스(여백), 엔터, 탭, 줄 바꿈 등의 문자

여러 개의 열 가져오기

테이블에서 여러 열을 가져올 때도 똑같은 SELECT 문을 사용한다. 다른 점이 있다면, SELECT 키워드 옆에 가져오려는 열 이름을 모두 나열한다는 것이다.

각 열은 콤마(,)로 구분한다.

> **💡 콤마를 사용할 때 주의할 점**
>
> 여러 열을 가져올 때 각 열 이름 사이에는 콤마(,)를 써야 하지만, 마지막 열 이름 뒤에는 콤마를 쓰면 안 된다. 마지막에도 콤마를 쓰면 에러가 발생한다.

다음 SELECT 문은 Products 테이블에서 3개의 열을 가져온다.

➡️ 입력 ▼　　　　　　　　　　　　　　　　　　　　　　　　　　　　　　　실습하기

```
SELECT prod_id, prod_name, prod_price
FROM Products;
```

☑️ 설명 ▼

이전 예제와 같이 이 문장은 SELECT 문을 사용하여 Products 테이블에서 데이터를 가져오는데, 이 예제에서는 3개의 열 이름을 나열하였고, 각 열은 콤마(,)로 구분하였다. 이 문장의 결과는 다음과 같다.

➡️ 결과 ▼

```
prod_id      prod_name            prod_price
----------   ------------------   ----------
BNBG01       Fish bean bag toy    3.49
BNBG02       Bird bean bag toy    3.49
BNBG03       Rabbit bean bag toy  3.49
BR01         8 inch teddy bear    5.99
BR02         12 inch teddy bear   8.99
```

BR03	18 inch teddy bear	11.99
RGAN01	Raggedy Ann	4.99
RYL01	King doll	9.49
RYL02	Queen doll	9.49

> ### ✏️ 데이터의 표현
>
> SQL 문은 보통 데이터 서식이 정해지지 않은 날것 그대로의 데이터를 반환하는데, DBMS에 따라 표현 방식이 다르다(예를 들어, 좌우 정렬이나 소수점 자리의 차이 등). 데이터 서식은 가져오는 것이 아니라 보여주는 방식의 문제이다. 그래서 데이터 표현 방식은 일반적으로 데이터를 출력하는 DBMS나 클라이언트 프로그램에서 지정한다. 실제로 클라이언트 프로그램에서 제공하는 서식 지정 없이, 가져온 데이터를 그냥 그대로 사용하는 일은 거의 없다.

모든 열 가져오기

앞서 본 것처럼 하나 이상의 열을 명시하여 데이터를 가져올 수도 있지만, 열 이름을 일일이 나열하지 않고 와일드카드 문자(*)를 사용하여 모든 열을 가져올 수도 있다. 다음 예제는 실제 열 이름 대신 와일드카드 문자를 사용하여 모든 열을 가져오는 것을 보여준다.

⤷ 입력 ▼　　　　　　　　　　　　　　　　　　　　　　　　실습하기

```
SELECT *
FROM Products;
```

☑ 설명 ▼

와일드카드 문자(*)를 사용하면, 테이블의 모든 열이 반환되는데, 열의 순서는 일반적으로 테이블에서 정의한 순서대로 불러온다. 하지만 SQL 데이터는 대체로 원하는 내용만 찾아 출력하므로, 순서는 전혀 문제가 되지 않는다(보통 클라이언트 프로그램에서 필요한 방식으로 데이터 형식을 바꿔서 볼 수 있다).

> ### ⚠ 와일드카드 문자의 사용
>
> 테이블에 있는 모든 열이 필요하지 않다면, 와일드카드 문자(*)를 사용하지 않는 것이 더 낫다. 원하는 열을 직접 적는 것보다 와일드카드 문자를 쓰는 것이 시간과 노력을 절약할 수는 있지만, 불필요한 열을 가져와 검색 성능을 저하한다.
>
> ### 💡 이름을 모르는 열 가져오기
>
> 와일드카드 문자를 사용해서 얻을 수 있는 가장 큰 장점은 열 이름을 적을 필요가 없기 때문에 이름을 모르는 열도 가져올 수 있다는 점이다.

행의 중복 출력 방지하기

앞서 본 것처럼 SELECT 문은 일치하는 모든 행을 가져온다. 하지만 만약 중복된 값을 전부 출력할 필요가 없다면 어떻게 해야 할까? Products 테이블에 있는 모든 판매처 ID가 필요하다고 가정해보자.

➡ 입력 ▼   실습하기

```
SELECT vend_id
FROM Products;
```

➡ 결과 ▼

```
vend_id
--------
BRS01
BRS01
BRS01
DLL01
DLL01
DLL01
DLL01
FNG01
FNG01
```

이 SELECT 문은 9개의 행을 가져오는데(실제 목록에는 3개의 판매처뿐이지만), 그 이유는 Products 테이블에 9개의 행(입력된 레코드)이 있기 때문이다.

그럼 중복된 값을 제외하고 리스트를 가져오려면 어떻게 해야 할까? 해결책은 DISTINCT 키워드를 사용하는 것이다. 이름에서 알 수 있듯이, DISTINCT 키워드는 중복되는 값을 제거한다.

🔤 DISTINCT

DISTINCT는 영어로 '구별되는'이라는 의미를 가진다.

➡️ 입력 ▼   실습하기

```
SELECT DISTINCT vend_id
FROM Products;
```

☑️ 설명 ▼

SELECT DISTINCT vend_id는 DBMS에게 중복되는 vend_id 행을 제거하라고 명령한다. 그래서 다음 결과에서 볼 수 있듯이 3행만 가져온다. DISTINCT 키워드를 사용한다면, 이 키워드를 열 이름 바로 앞에 적어야 한다.

➡️ 결과 ▼

```
vend_id
--------
BRS01
DLL01
FNG01
```

⚠️ DISTINCT를 부분적으로 적용할 수는 없다.

DISTINCT 키워드는 모든 열에 일괄 적용된다. 하나의 열에만 부분적으로 적용할 수는 없다. 만약 SELECT DISTINCT vend_id, prod_price라고 적는다면, 지정된 두 항목을 결합해 6개의 고유한 조합이 생성되므로 9개의 행 중 6개가 반환된다. 차이를 확인하고 싶다면 다음 두 문장을 실행하고 결과를 비교해보자.

```
SELECT DISTINCT vend_id, prod_price FROM Products;
SELECT vend_id, prod_price FROM Products;
```

결과 제한하기

SELECT 문은 지정한 테이블에서 일치하는 모든 행을 가져온다. 만일 첫 번째 행이나 특정 몇 행만 가져오고 싶다면 어떻게 해야 할까? 몇 개의 행만 가져오는 것은 가능하지만, 안타깝게도 SQL을 실행하는 환경이 모두 똑같은 문법을 사용하지는 않는다. 각 SQL에서 사용하는 문법을 이제부터 설명하겠다.

Microsoft SQL Server에서는 TOP 키워드를 사용해 가져오는 행의 수를 제한할 수 있다.

➡️ 입력 ▼

```
SELECT TOP 5 prod_name
FROM Products;
```

➡️ 결과 ▼

```
prod_name
-------------------
8 inch teddy bear
12 inch teddy bear
18 inch teddy bear
Fish bean bag toy
Bird bean bag toy
```

☑️ 설명 ▼

이 문장은 처음 5행을 가져오기 위해 SELECT TOP 5 명령문을 사용하였다.

만약 Db2를 사용한다면, 다음과 같은 SQL 문법을 사용해야 한다.

➡️ 입력 ▼

```
SELECT prod_name
FROM Products
FETCH FIRST 5 ROWS ONLY;
```

☑️ 설명 ▼

FETCH FIRST 5 ROWS ONLY는 처음 5개의 행만 가져온다.

Oracle 사용자라면, 다음과 같이 ROWNUM으로 행의 수를 세서 일부 행만 검색할 수 있다.

➡️ 입력▼

```
SELECT prod_name
FROM Products
WHERE ROWNUM <= 5;
```

앞의 결과 화면과 비교해 보라.

MySQL, MariaDB, PostgreSQL이나 SQLite를 사용한다면 LIMIT를 사용하면 된다. 다음 예를 보자.

➡️ 입력▼

```
SELECT prod_name
FROM Products
LIMIT 5;
```

☑️ 설명▼

이 문장은 하나의 열을 검색하기 위해 SELECT 문을 사용하였다. LIMIT 5는 DBMS에게 5개의 행만 가져오도록 지시한다.

그다음 5개의 행을 가져오려면, 몇 번째부터 몇 개의 행을 가져올지 명시하면 된다.

➡️ 입력▼

```
SELECT prod_name
FROM Products
LIMIT 5 OFFSET 5;
```

☑️ 설명▼

LIMIT 5 OFFSET 5는 DBMS에게 5번째 행부터 5개의 행을 가져오라고 지시한다. 첫 번째 숫자는 몇 개의 행을 가져오는지를 나타내고, 두 번째 숫자는 몇 번째 행부터 가져올지를 나타낸다. 이 명령문의 결과는 다음과 같다.

📥 **결과 ▼**

```
prod_name
--------------------
Rabbit bean bag toy
Raggedy Ann
King doll
Queen doll
```

LIMIT에는 몇 개의 행을 가져올지를 명시한다. OFFSET은 LIMIT와 함께 사용하며, 몇 번째 행부터 가져올지를 정해준다. Products 테이블에는 9개의 제품만 존재하기 때문에 LIMIT 5 OFFSET 5는 4개의 행만 가져왔다(10번째 행이 없기 때문).

⚠️ **0번째 행**

처음 가져온 행은 0번째 행이다. 그래서 LIMIT 1 OFFSET 1은 첫 번째 행이 아닌 두 번째 행을 가져온다.

💡 **MySQL, MariaDB, SQLite의 단축형**

MySQL, MariaDB, SQLite는 LIMIT 4 OFFSET 3의 단축형을 지원하므로, LIMIT 3, 4처럼 기재해도 된다. 이 문법을 사용하면, 콤마 앞에 있는 값은 OFFSET의 값을, 콤마 뒤에 있는 값은 LIMIT의 값을 갖는다(그렇다. 순서가 반대로니 주의하기 바란다).

✏️ **SQL은 모두 똑같지 않다.**

결과를 제한하는 부분을 포함한 이유는, SQL은 여러 실행 환경이 있음에도 불구하고 문법이 꽤 일관성이 있는 편이지만 항상 그것에 의존하면 안 된다는 것을 보여주기 위함이다. 기본적인 명령문은 서로 호환해서 사용할 수 있지만, 좀 더 복잡한 명령문은 다른 실행 환경에서는 사용하기 어렵다. 문제를 해결해 줄 SQL 문을 인터넷에서 검색할 때, 찾은 해법이 여러분의 DBMS와는 호환되지 않을 수 있다는 점을 염두에 두자.

주석 사용하기

앞서 본 것과 같이 SQL 문은 DBMS에 의해 처리되는 지시어(instructions)이다. 그렇다면 DBMS가 명령문으로 인식해 처리 또는 실행하지 않게 글(텍스트)을 SQL 문에 넣으려면 어떻게 해야 할까? 아니, 애초에 왜 이런 것을 원하는 걸까? 여기에는 몇 가지 이유가 있다.

- 앞서 사용한 SQL 문은 모두 매우 짧고 간단하다. 하지만 SQL 문이 길어지고 복잡해지면, 나중에 참조하기 위해 설명을 적고 싶어질 것이다. 이런 주석은 SQL 스크립트 안에 포함되어야 하지만, DBMS가 처리하게 해서는 안 된다.

> **📖 스크립트(Script)**
>
> CPU가 아닌 다른 프로그램에 의해 번역되거나 수행되는 프로그램이나 명령어들의 나열

- 마찬가지로 SQL 스크립트의 가장 상단(추후 사용을 위해 저장해 놓는 헤더)에는 흔히 개발자 연락처나 SQL에 대한 설명, 참고 등을 적어 놓는 머리글을 포함할 수 있다.
- 주석은 SQL 문을 일시적으로 실행되지 않도록 하기 위해 사용하기도 한다. 긴 SQL 구문을 작성하고, 그 일부만 테스트하고 싶다면 테스트하려는 코드를 제외한 나머지 코드를 주석 처리하면 된다. 그러면 데이터베이스는 주석으로 간주하고, 그 코드를 무시한다.

대부분의 DBMS는 몇 가지 형태의 주석 문법을 제공한다. 한 줄 주석부터 살펴보자.

➡️ 입력 ▼　　　　　　　　　　　　　　　　　　　　　　　실습하기

```
SELECT prod_name -- 주석
FROM Products;
```

☑ **설명 ▼**

2개의 하이픈(--)을 사용하여 한 줄 주석을 달 수 있다. 하이픈(--) 뒤에 있는 문자는 무조건 주석으로 간주하며, 이 형태의 주석을 사용하는 좋은 예가 CREATE TABLE 문에서 열에 대한 설명을 적는 것이다.

또 다른 한 줄 주석의 형태를 보자(이 형태의 주석은 자주 사용하지 않는다).

➡ **입력 ▼** `실습하기`

```
# 이 줄은 주석이다
SELECT prod_name
FROM Products;
```

☑ **설명 ▼**

#으로 시작하면 그 문장은 모두 주석으로 간주한다.

여러 행에 걸친 주석도 작성할 수 있는데, 스크립트 안 어디에서든 시작할 수 있고 끝날 수 있다.

➡ **입력 ▼** `실습하기`

```
/* SELECT prod_name, vend_id
FROM Products; */
SELECT prod_name
FROM Products;
```

☑ **설명 ▼**

/*으로 시작하는 주석은 */으로 끝난다. /*와 */ 사이에 있는 것은 무엇이든 주석으로 간주한다.

지금 예처럼 이런 형태의 주석은 보통 사용하던 코드를 더 사용하지 않거나 일시적으로 실행하지 않기 위해 사용한다. 여기에서도 두 개의 SELECT 문이 정의되었지만, 첫 번째 문장은 주석 처리되었기 때문에 실행되지 않는다.

정리해보자!

이 장에서는 SQL SELECT 문을 사용해서 하나의 열, 여러 개의 열, 모든 열을 가져오는 방법을 학습했다. 또한, 중복하는 값을 제외하는 방법과 코드에 주석을 추가하는 방법도 배웠다. 안타깝게도 좀 더 복잡한 SQL 문은 호환이 힘들다는 점도 언급하였다. 다음 장에서는 가져온 데이터를 정렬하는 방법을 알아볼 것이다.

도전 과제

[실습하기]

1. Customers 테이블에서 모든 고객 ID(cust_id)를 가져오는 SQL 문을 작성하라.

2. OrderItems 테이블에는 주문 목록을 모두 저장한다(일부는 여러 번 주문되었다). 주문한 제품 목록(prod_id)을 가져오는 SQL 문을 작성하라(모든 주문이 아니라 고유한 제품 목록이다). 결과로 7개의 행이 표시되어야 한다.

3. Customers 테이블에서 모든 열을 가져오는 SQL 문을 작성해 보고 고객 ID만 가져오는 SELECT 문도 작성하라. 한 문장을 주석 처리하여 하나만 실행하게 한다(그리고 나서 다른 문장을 주석 처리하여 실행한다).

> ♀ 정답 확인
> 정답은 부록 F에서 확인할 수 있다.

3장

S Q L i n 1 0 M i n u t e s

가져온 데이터 정렬하기

이 장에서는 SELECT 문의 ORDER BY 절을 사용하여 데이터를 정렬하는 방법을 알아보자.

데이터 정렬하기

앞서 배운 것처럼, 다음 SQL 문은 데이터베이스 테이블에서 하나의 열을 가져 온다. 결과를 보면, 가져온 데이터는 어떤 순서로도 정렬되지 않은 상태라는 것을 알 수 있다.

➡️ 입력 ▼　　　　　　　　　　　　　　　　　　　　　　　　　`실습하기`

```
SELECT prod_name
FROM Products;
```

➡️ 결과 ▼

```
prod_name
--------------------
Fish bean bag toy
Bird bean bag toy
Rabbit bean bag toy
8 inch teddy bear
12 inch teddy bear
18 inch teddy bear
```

```
Raggedy Ann
King doll
Queen doll
```

가져온 데이터가 실제로는 무작위로 출력되는 것은 아니다. 데이터를 정렬하지 않으면, 대개 테이블에 있는 순서대로 출력되는데, 이 순서는 처음에 데이터가 테이블에 삽입되는 순서이다. 데이터가 나중에 업데이트되거나 삭제되면, DBMS가 반환된 저장 공간을 어떻게 다시 사용하는지에 따라 순서가 바뀔 수도 있다. 결론적으로 정렬을 명시하지 않는다면 정렬 순서를 예상해서는 안 된다. 관계형 데이터베이스 설계 이론에서는 정렬이 명시되지 않으면, 검색된 데이터의 순서를 가정해서는 안 된다고 명시되어 있다.

🅰️ 절

SQL 문은 절(Clause)로 구성되어 있는데, 절은 필수로 사용해야 하는 것과 선택해서 사용할 수 있는 것으로 나뉜다. 절은 보통 키워드와 그 키워드에 해당하는 데이터로 이루어지는데, 이전 장에서 본 SELECT 문의 FROM 절이 대표적인 예이다.

SELECT 문으로 가져온 데이터를 정렬하려면, ORDER BY 절을 사용한다. ORDER BY 뒤에는 하나 이상의 열 이름을 적는데, 이를 기준으로 결과를 정렬한다. 다음의 예를 보자.

➡️ 입력 ▼　　　　　　　　　　　　　　　　　　　　　　　　　　　　　실습하기

```
SELECT prod_name
FROM Products
ORDER BY prod_name;
```

☑️ 설명 ▼

이것은 ORDER BY 절로 DBMS에 prod_name 열을 기준으로 결과를 정렬하라고 명시한 것 외에는 이전의 SELECT 문과 똑같다. 이 문장의 결과는 다음과 같다.

➡ 결과 ▼

```
prod_name
--------------------
12 inch teddy bear
18 inch teddy bear
8 inch teddy bear
Bird bean bag toy
Fish bean bag toy
King doll
Queen doll
Rabbit bean bag toy
Raggedy Ann
```

> **⚠ ORDER BY 절의 위치**
>
> ORDER BY 절을 사용할 때는 이 절이 SELECT 문의 가장 마지막에 와야 한다는 것을 기억하자. ORDER BY 절이 마지막에 있지 않으면, 에러가 발생할 것이다.
>
> **💡 검색하지 않은 열로 정렬하기**
>
> 대부분 ORDER BY 절에서 사용하는 열은 SELECT 절에서 가져온 열일 것이다. 그러나 반드시 그럴 필요는 없다. 검색하지 않은 열로 데이터를 정렬하는 것도 문법적으로 아무 문제가 없다.

여러 개의 열로 정렬하기

두 개 이상의 열로 데이터를 정렬해야 하는 일도 종종 발생한다. 예를 들어 사원 목록을 출력해야 한다면, 성과 이름으로 정렬(성으로 정렬한 뒤 같은 성을 가진 사원은 이름으로 정렬)하기를 원할 수도 있다. 같은 성을 가진 사람이 여러 명이라면 이것이 유용할 수 있다.

여러 열을 검색할 때와 마찬가지로, 간단하게 열을 콤마로 구분해 사용하면 여러 열로 정렬할 수 있다.

다음 코드는 세 개의 열을 가져오고, 가격과 이름 순서대로 결과를 정렬하여 보여준다.

➡️ **입력 ▼** 실습하기

```
SELECT prod_id, prod_price, prod_name
FROM Products
ORDER BY prod_price, prod_name;
```

➡️ **결과 ▼**

```
prod_id      prod_price       prod_name
----------   ---------------   --------------------
BNBG02       3.4900            Bird bean bag toy
BNBG01       3.4900            Fish bean bag toy
BNBG03       3.4900            Rabbit bean bag toy
RGAN01       4.9900            Raggedy Ann
BR01         5.9900            8 inch teddy bear
BR02         8.9900            12 inch teddy bear
RYL01        9.4900            King doll
RYL02        9.4900            Queen doll
BR03         11.9900           18 inch teddy bear
```

여러 열로 정렬할 때의 정렬 순서는 열을 적은 순서 그대로임을 명심하자. 풀어 설명하면, 위 결과에서 보듯이 prod_price가 같을 때만 prod_name으로 정렬된다. 만약 prod_price의 모든 값이 다 다르면 prod_name으로 정렬되는 일은 생기지 않을 것이다.

열의 위치로 정렬하기

ORDER BY는 열 이름을 사용하여 정렬할 수 있고, 열 위치로도 정렬할 수 있다. 다음 예제에서 열 위치로 정렬하는 방법을 살펴보자.

➡️ **입력 ▼** 실습하기

```
SELECT prod_id, prod_price, prod_name
FROM Products
ORDER BY 2, 3;
```

➡️ **결과 ▼**

```
prod_id      prod_price       prod_name
----------   ---------------   --------------------
BNBG02       3.4900            Bird bean bag toy
BNBG01       3.4900            Fish bean bag toy
```

```
BNBG03      3.4900                Rabbit bean bag toy
RGAN01      4.9900                Raggedy Ann
BR01        5.9900                8 inch teddy bear
BR02        8.9900                12 inch teddy bear
RYL01       9.4900                King doll
RYL02       9.4900                Queen doll
BR03        11.9900               18 inch teddy bear
```

☑ 설명 ▼

보다시피 결과는 이전 정렬 결과와 완전히 똑같다. 차이는 ORDER BY 절에 열 이름을 적는 대신, SELECT 절에 나열된 열의 상대적인 위치를 적었다는 것뿐이다. ORDER BY 2는 SELECT 절에 있는 2번째 열(여기에서는 prod_price)로 정렬하라는 의미이고, ORDER BY 2, 3은 prod_price로 정렬하고, prod_price가 같으면 prod_name으로 정렬하라는 뜻이다.

이 기법의 가장 큰 장점은 열 이름을 다시 적을 필요가 없다는 것이지만 단점도 존재한다. 첫째, 열 이름을 쓰지 않기 때문에 사용자가 잘못된 열을 지정할 가능성이 크다. 둘째, SELECT 절에서 가져오는 열이 변경될 때 ORDER BY 절을 수정하지 않아 실수로 잘못 정렬할 수도 있다. 마지막으로, 이 기법을 사용하면 SELECT 절에 없는 열로 정렬하는 것이 불가능하다.

> 💡 **검색하지 않은 열로 정렬하기**
>
> 이 기법을 이용하면 SELECT 절에서 나열하지 않은 열로 정렬하는 것은 불가능하다. 하지만 필요하다면 하나의 명령문에서 열 이름과 열의 위치를 혼용해 사용해도 된다.

정렬 순서 지정하기

데이터 정렬 순서는 오름차순으로 제한되지 않는다. 오름차순이 정렬의 기본값이긴 하지만, ORDER BY 절에서 내림차순 정렬을 명시할 수 있다. 내림차순으로 정렬하려면, DESC 키워드를 적으면 된다.

다음 예제에서는 제품을 가격 기준으로 내림차순(비싼 가격의 제품이 먼저 나오도록) 정렬하여 출력한다.

➡️ **입력 ▼**   `실습하기`

```
SELECT prod_id, prod_price, prod_name
FROM Products
ORDER BY prod_price DESC;
```

➡️ **결과 ▼**

```
prod_id     prod_price      prod_name
---------   --------------  --------------------
BR03        11.9900         18 inch teddy bear
RYL01       9.4900          King doll
RYL02       9.4900          Queen doll
BR02        8.9900          12 inch teddy bear
BR01        5.9900          8 inch teddy bear
RGAN01      4.9900          Raggedy Ann
BNBG01      3.4900          Fish bean bag toy
BNBG02      3.4900          Bird bean bag toy
BNBG03      3.4900          Rabbit bean bag toy
```

여러 열로 정렬하려면 어떻게 해야 할까? 다음은 제품 가격을 기준으로 내림차
순(비싼 가격의 제품이 먼저 나오도록) 정렬한 결과를 보여주는데, 같은 가격
의 제품이 있으면 제품명으로 오름차순 정렬하여 출력한다.

➡️ **입력 ▼**   `실습하기`

```
SELECT prod_id, prod_price, prod_name
FROM Products
ORDER BY prod_price DESC, prod_name;
```

➡️ **결과 ▼**

```
prod_id     prod_price        prod_name
----------  ----------------  --------------------
BR03        11.9900           18 inch teddy bear
RYL01       9.4900            King doll
RYL02       9.4900            Queen doll
BR02        8.9900            12 inch teddy bear
BR01        5.9900            8 inch teddy bear
RGAN01      4.9900            Raggedy Ann
BNBG02      3.4900            Bird bean bag toy
BNBG01      3.4900            Fish bean bag toy
BNBG03      3.4900            Rabbit bean bag toy
```

☑ **설명 ▼**

DESC 키워드는 명시된 열에만 적용된다. 위 예제에서는 DESC를 prod_price 열에만 적용하고, prod_name 열에는 적용하지 않았다. 그렇기 때문에 prod_price 열은 내림차순으로 정렬되지만, prod_name 열은 여전히 오름차순으로 정렬된다.

⚠ **여러 열을 내림차순으로 정렬하기**

여러 열을 내림차순으로 정렬하려면, 각각의 열에 DESC 키워드를 모두 적어야 한다는 것을 명심하자.

DESC는 DESCENDING의 준말로, 두 개의 키워드 모두 사용해도 된다. DESC의 반대말은 ASC(또는 ASCENDING)이다. ASC는 데이터를 오름차순으로 정렬할 때 사용할 수 있지만, 오름차순 정렬이 기본값이기 때문에 잘 사용하지 않는다.

ASC나 DESC가 모두 없으면, 오름차순으로 정렬한다고 가정된다.

💡 **대소문자 구분과 데이터 정렬**

텍스트로 된 데이터를 정렬한다면 A가 a와 같을까? a는 B 다음에 오는 것일까 아니면 Z 다음에 오는 것일까? 이는 DBMS 설정에 따라 다르다.

대부분의 DBMS 기본값인 사전 정렬 순서에서는, A는 a와 똑같이 취급한다. 일부 DBMS는 데이터베이스 관리자가 이 설정을 변경할 수 있게 한다(데이터베이스에 외국어 텍스트를 많이 저장해야 한다면 이 설정을 만져줘야 할 수도 있다).

중요한 점은 정렬 순서를 바꾸려 할 때 단순히 ORDER BY 절을 사용해서는 원하는 결과를 얻지 못할 수도 있다는 것이다. 그런 경우에는 데이터베이스 관리자에게 문의하기 바란다.

정리해보자!

이번 장에서는 SELECT 문의 ORDER BY 절을 이용하여 가져온 데이터를 정렬하는 방법을 배웠다. ORDER BY 절은 SELECT 문의 맨 마지막에 있어야 하며, 하나 이상의 열로 데이터를 정렬할 수 있다.

도전 과제

1. Customers 테이블에서 모든 고객의 이름(cust_names)을 가져오고, 그 결과를 내림차순(Z → A)으로 정렬하여 표시하는 SQL 문을 작성하라.

2. Orders 테이블에서 고객 ID(cust_id)와 주문 번호(order_num)를 검색해, 결과를 고객 ID로 먼저 정렬하고 나서 최근에 주문한 순서대로 정렬하는 SQL 문을 작성하라.

3. 우리가 운영하는 가상 상점은 비싼 품목을 많이 팔고 싶어 한다. Order Items 테이블에서 수량 및 가격(item_price)을 검색해 가장 수량이 많고 높은 가격순으로 정렬하는 SQL 문을 작성하라.

4. 다음 SQL 문은 무엇이 잘못되었는가? (실행하지 말고 바로 알아내 보자.)

```
SELECT vend_name,
FROM Vendors
ORDER vend_name DESC;
```

4장

데이터 필터링

이 장에서는 SELECT 문의 WHERE 절을 사용하여 검색 조건을 지정하는 방법에 대해 알아본다.

WHERE 절 사용하기

데이터베이스 테이블에는 많은 양의 데이터가 담기지만 테이블에서 모든 행을 다 가져오는 일은 매우 드물다. 그보다는 특별한 작업을 수행하거나 보고서를 작성하기 위해 테이블에 있는 데이터 일부분만을 가져오는 경우가 많다. 원하는 데이터만 가져오려면 검색 조건을 지정하면 된다(필터 조건이라고도 한다).

SELECT 문에서는 WHERE 절로 검색 조건을 지정하여 데이터를 필터링할 수 있다. WHERE 절은 테이블 이름(FROM 절) 바로 다음에 적는다. 다음 예를 보자.

> **🔤 필터링(Filtering)**
> 데이터베이스 질의를 통해 필요한 데이터만을 걸러내는 작업

➡️ 입력 ▼

실습하기

```
SELECT prod_name, prod_price
FROM Products
WHERE prod_price = 3.49;
```

✅ 설명 ▼

이 코드는 Products 테이블에서 2개의 열을 검색한다. 그렇지만 모든 행을 가져오는 대신 prod_price 값이 3.49와 일치하는 행만 가져온다. 결과를 보자.

➡️ 결과 ▼

```
prod_name               prod_price
--------------------    --------------------
Fish bean bag toy       3.49
Bird bean bag toy       3.49
Rabbit bean bag toy     3.49
```

이 예제는 일치하는 값이 있는지를 확인한다. 즉, 특정한 값을 가진 열이 있는지를 확인하고, 그에 따라 필터링한다. 하지만 SQL은 일치하는 것을 가져오는 것 이상의 작업을 할 수 있게 해준다.

💡 0의 개수

이번 장에 있는 예제를 실습하다 보면, 결과가 3.49, 3.490, 3.4900 등으로 출력될 수도 있다. 이 문제는 DBMS마다 사용하는 데이터형과 기본값 설정이 다르기 때문이다. 그러니 혹시라도 여러분에게 출력되는 결과가 위와 조금 다르다고 해서 걱정하지는 말자. 어차피 3.49와 3.4900은 수학적으로는 같은 값이다.

💡 SQL 필터링 vs 클라이언트 프로그램 필터링

DBMS에서 데이터를 가져오는 프로그램이나 도구에 따라 다르지만, 데이터는 DBMS가 아니라 클라이언트 프로그램에서도 필터링할 수 있다. 하지만 그렇게 하면 SELECT 문은 실제 클라이언트에서 필요한 것보다 더 많은 데이터를 검색해야 한다. 그리고 클라이언트 코드는 필요한 행을 찾기 위해 반환된 데이터를 한 행씩 모두 살펴봐야 한다.

그래서 이 방법은 권장되지 않는다. 데이터베이스는 빠르고 효율적으로 필터링을 수행하는 데 최적화되어 있다. 클라이언트 프로그램(또는 개발 언어)이 데이터베이스가 수행해야 할 일을 하게 되면 클라이언트 프로그램의 성능에 영향을 주고, 클라이언트 프로그램 자체를 확장하기도 어려워진다. 또한, 네트워크를 통해 서버는 계속 필요하지 않은 데이터를 보내야 하므로 네트워크 대역폭 역시 낭비된다.

⚠ WHERE 절의 위치

ORDER BY와 WHERE 절을 같이 사용할 때는 ORDER BY 절이 WHERE 절 뒤에 와야 한다는 점을 잊지 말자. 그렇지 않으면 에러가 발생할 것이다(3장에서 ORDER BY 절의 사용법을 자세히 설명했다).

WHERE 절 연산자

앞서 보았던 WHERE 절에서는 지정한 값과 같은지를 확인하는 연산을 수행했는데, 표 4-1에서 보는 것처럼 SQL은 훨씬 더 많은 조건 연산자를 지원한다.

연산자	설명
=	같다.
<>	같지 않다.
!=	같지 않다.
<	~보다 작다.
<=	~보다 작거나 같다.
!<	~보다 작지 않다.
>	~보다 크다.
>=	~보다 크거나 같다.
!>	~보다 크지 않다.
BETWEEN	두 개의 특정한 값 사이
IS NULL	값이 NULL이다.

표 4-1 WHERE 절 연산자

> ⚠ **연산자 호환성**
>
> 표 4-1에 나열된 연산자 중 일부는 중복되는 것도 있다. 예를 들어 <>는 !=와 같고, !< (~
> 보다 작지 않다)는 >= (~보다 크거나 같다)와 같은 효과를 갖는다. 표에 있는 연산자가
> 모든 DBMS에서 지원되는 것은 아니므로, 정확히 어떤 연산자가 지원되는지 확인하려
> 면 사용하는 DBMS의 매뉴얼을 참조하기 바란다.

하나의 값으로 확인하기

우리는 이미 일치하는 값으로 데이터를 불러오는 예제를 살펴보았다. 이제, 다
른 연산자를 사용하는 예제를 좀 더 알아보자.

첫 번째는 가격이 10달러보다 싼 제품을 모두 가져오는 예제이다.

➡ 입력▼　　　　　　　　　　　　　　　　　　　　　　　　　　　　`실습하기`

```
SELECT prod_name, prod_price
FROM Products
WHERE prod_price < 10;
```

➡ 결과▼

```
prod_name               prod_price
--------------------    --------------------
Fish bean bag toy       3.49
Bird bean bag toy       3.49
Rabbit bean bag toy     3.49
8 inch teddy bear       5.99
12 inch teddy bear      8.99
Raggedy Ann             4.99
King doll               9.49
Queen doll              9.49
```

다음은 가격이 10달러 이하인 제품을 가져오는 명령문이다(10달러인 제품이
없어서 결과는 앞의 결과와 완전히 똑같다).

➡ 입력▼　　　　　　　　　　　　　　　　　　　　　　　　　　　　`실습하기`

```
SELECT prod_name, prod_price
```

```
FROM Products
WHERE prod_price <= 10;
```

일치하지 않는 값 확인하기

다음 예제는 판매처가 DLL01이 아닌 모든 제품을 가져온다.

⤓ 입력 ▼　　　　　　　　　　　　　　　　　　　　　　　　실습하기

```
SELECT vend_id, prod_name
FROM Products
WHERE vend_id <> 'DLL01';
```

⤷ 결과 ▼

```
vend_id                prod_name
------------------     ------------------
BRS01                  8 inch teddy bear
BRS01                  12 inch teddy bear
BRS01                  18 inch teddy bear
FNG01                  King doll
FNG01                  Queen doll
```

> ### 💡 작은따옴표의 사용
>
> 앞서 나온 WHERE 절을 잘 살펴보면, 어떤 값은 작은따옴표(')로 묶여 있고, 어떤 값은 그냥 쓰인 것을 알 수 있다. 작은따옴표는 문자열을 지정할 때 사용한다. 비교하는 값이 문자열 데이터라면 작은따옴표로 묶어야 하고, 수치형이면 작은따옴표를 사용할 필요가 없다.

다음은 <> 대신에 != 연산자를 사용하였다.

⤓ 입력 ▼　　　　　　　　　　　　　　　　　　　　　　　　실습하기

```
SELECT vend_id, prod_name
FROM Products
WHERE vend_id != 'DLL01';
```

> ⚠️ **!= 또는 <>**
>
> 보통 !=와 <>는 바꿔가면서 사용해도 되지만, 모든 DBMS가 둘 다 지원하는 것은 아니다. 사용하는 DBMS에서 어떤 연산자를 지원하는지 정확히 알고 싶다면, DBMS 매뉴얼을 확인하자.

특정 범위의 값 확인하기

특정 범위에서 데이터를 가져오기 위해 BETWEEN 연산자를 사용할 수 있다. BETWEEN 키워드는 다른 WHERE 절 연산자와는 조금 다른데, BETWEEN은 시작하는 값과 끝나는 값, 2개의 값이 필요하기 때문이다. 예를 들어 5달러와 10달러 사이의 제품을 검색하거나 시작일과 종료일을 2개의 값으로 해서 검색할 수도 있다.

다음은 BETWEEN을 사용하여 5달러와 10달러 사이의 제품을 검색하는 예제이다.

➡️ 입력 ▼　　　　　　　　　　　　　　　　　　　　　　　　　　　　　　`실습하기`

```
SELECT prod_name, prod_price
FROM Products
WHERE prod_price BETWEEN 5 AND 10;
```

➡️ 결과 ▼

```
prod_name               prod_price
--------------------    --------------------
8 inch teddy bear       5.99
12 inch teddy bear      8.99
King doll               9.49
Queen doll              9.49
```

☑️ 설명 ▼

이 예제처럼 BETWEEN을 사용할 때는 시작하는 값과 끝나는 값을 반드시 지정해야 한다. 이 두 값은 AND 키워드로 분리된다. BETWEEN은 시작 값과 종료 값을 포함하여 지정된 범위의 모든 데이터를 가져온다.

값이 없는 데이터 확인하기

테이블을 생성할 때 테이블 설계자는 각 열에 초깃값이 없도록 설정할 수 있다. 열이 아무런 값도 가지고 있지 않을 때, 열이 NULL 값을 가지고 있다고 한다.

> **🔤 NULL**
>
> 값이 들어 있지 않은 상태. 0, 빈 문자열, 단순 공백과는 다른 값이다.

값이 NULL인지 확인할 때 "**열 이름 = NULL**"이라는 구문은 사용할 수 없다. 대신 SELECT 문 WHERE 절에 IS NULL을 사용하여 열이 NULL인지 확인할 수 있다. 문법은 다음과 같다.

➡️ 입력 ▼　　　　　　　　　　　　　　　　　　　　　　　　실습하기

```
SELECT prod_name
FROM Products
WHERE prod_price IS NULL;
```

이 명령문은 가격이 없는(prod_price의 값이 0이라는 의미가 아니라 prod_price 열에서 비어 있는) 제품을 검색하라는 의미이다. 그런 값을 가진 제품이 없기 때문에 아무것도 출력되지 않았다. 하지만, 고객 테이블은 NULL을 가진 열이 존재한다. 이메일 주소가 없는 고객이 있다면, 이메일 열은 NULL 값일 것이다.

➡️ 입력 ▼　　　　　　　　　　　　　　　　　　　　　　　　실습하기

```
SELECT cust_name
FROM Customers
WHERE cust_email IS NULL;
```

➡️ 결과 ▼

```
cust_name
---------------
Kids Place
The Toy Store
```

> ### 💡 DBMS별 연산자
>
> 많은 DBMS가 고급 필터링 옵션을 제공하기 위해 표준 연산자 집합을 확장했다. 좀 더
> 자세한 정보를 원하면, 사용하는 DBMS의 매뉴얼을 참조하기 바란다.
>
> ### ⚠ NULL과 일치하지 않는 값
>
> 특정한 값이 없는 행을 검색하면 NULL을 가진 행을 반환할 것이라고 기대하겠지만, 그
> 렇지 않다. NULL은 특이한 방식으로 작동하기에 일치하는 값이나 일치하지 않는 값을
> 찾을 때 NULL 값이 있는 행을 가져오진 않는다.

정리해보자!

이번 장에서는 SELECT 문의 WHERE 절을 이용하여 데이터를 필터링하는 방법을
학습했다. 즉 일치하는 값, 일치하지 않는 값, 크거나 작은 값, 특정한 범위의
값과 NULL 값 등을 필터링하는 방법을 알아보았다.

도전 과제   실습하기

1. Products 테이블에서 제품의 가격이 9.49인 제품 ID(prod_id)와 제품명
   (prod_name)을 가져오는 SQL 문을 작성하라.

2. Products 테이블에서 제품의 가격이 9 또는 그 이상인 제품 ID(prod_id)와
   제품명(prod_name)을 가져오는 SQL 문을 작성하라.

3. 이제 3장과 4장을 결합해보자. 먼저 OrderItems 테이블에서 제품 수량이
   100개 이상인 항목을 검색하며, 이때 주문 번호(order_num)가 중복되지 않
   도록 SQL 문을 작성하라.

4. Products 테이블에서 가격이 3과 6 사이인 제품의 제품명(prod_name)과 제
   품 가격(prod_price)을 모두 가져와, 그 결과를 가격순으로 정렬하는 SQL
   문을 작성하라(이걸 푸는 데는 여러 해결책이 있으며, 다음 장에서도 해법
   을 알아볼 것이다. 하지만 여태까지 배운 거로도 충분히 해결할 수 있다).

5장

S Q L   i n   1 0   M i n u t e s

고급 데이터 필터링

이 장에서는 강력하고 복잡한 조건식을 만들기 위해 WHERE 절을 조합하는 방법을 알아보고, NOT과 IN 연산자의 사용법도 함께 학습한다.

WHERE 절 조합하기

4장에서 소개한 WHERE 절은 모두 하나의 조건으로 데이터를 필터링한다. SQL WHERE 절에는 AND나 OR를 사용하여 여러 개의 조건을 지정할 수 있으므로 다양한 필터링 제어가 가능하다.

> 📖 **연산자**
>
> 절을 연결하거나 변경하기 위해 WHERE 절에서 사용하는 특별한 키워드. 논리 연산자라고도 한다.

AND 연산자 사용하기

두 개 이상의 열로 필터링하기 위해 WHERE 절에 AND 연산자를 사용해 조건을 덧붙일 수 있는데, 다음 예제에서 그 방법을 볼 수 있다.

⊒ 입력 ▼

```
SELECT prod_id, prod_price, prod_name
FROM Products
WHERE vend_id = 'DLL01' AND prod_price <= 4;
```

☑ 설명 ▼

이 문장은 판매처가 DLL01이고 가격이 4달러 이하인 제품의 ID, 제품 가격, 제품명을 가져온다. SELECT 문 안에 있는 WHERE 절은 2개의 조건으로 구성되어 있는데, AND 키워드가 2개의 조건을 조합하는 기능을 한다. AND는 DBMS에게 모든 조건을 충족하는 행을 가져오라고 지시한다. 만약, 판매처가 DLL01이지만 가격이 4달러보다 큰 행이 있다면, 이 행은 검색되지 않는다. 역시 제품 가격이 4달러 이하이지만 판매처가 DLL01이 아닌 행은 검색되지 않는다. 이 SQL 문의 결과는 다음과 같다.

➡ 결과 ▼

```
prod_id              prod_price         prod_name
----------------     ----------------   ----------------
BNBG02               3.4900             Bird bean bag toy
BNBG01               3.4900             Fish bean bag toy
BNBG03               3.4900             Rabbit bean bag toy
```

🔤 AND

지정된 조건을 모두 충족하는 행을 가져오도록 WHERE 절에서 사용하는 키워드

예제에서는 2개의 필터 조건이 있기 때문에 하나의 AND만 사용되었다. 각 조건을 AND 키워드로 구분하여 더 많은 필터 조건을 추가할 수 있다.

✏️ ORDER BY 절의 생략

지면 절약(및 당신의 타이핑)을 위해, 나는 많은 예에서 ORDER BY 절을 생략했다. 따라서, 여러분의 출력 결과가 이 책의 출력 결과와 정확히 일치하지 않을 가능성이 있다. 반환되는 행의 수는 언제나 일치해야 하지만 순서는 일치하지 않을 수 있다. 물론, 원한다면 얼마든지 ORDER BY 절을 추가해도 좋다. 단 WHERE 절 다음에 추가하자.

OR 연산자 사용하기

OR 연산자는 AND 연산자와 정반대로 동작한다. OR은 DBMS에 하나의 조건만 충족한다면, 그 행을 가져오라고 지시한다. 사실 좋은 DBMS는 첫 번째 조건이 일치하면, 2번째 조건을 비교하지도 않는다(만일 첫 번째 조건을 만족한다면, 두 번째 조건은 만족하느냐와 관계없이 그 행은 반환되기 때문이다). 다음 명령문을 보자.

➜ 입력 ▼   실습하기

```
SELECT prod_name, prod_price
FROM Products
WHERE vend_id = 'DLL01' OR vend_id = 'BRS01';
```

☑ 설명 ▼

이 문장은 판매처가 DLL01이거나 BRS01인 제품의 제품명과 가격을 가져온다. OR 연산자는 DBMS가 2개의 조건 중 하나라도 일치하는 것이 있는지 비교하게 한다. 만약 위 문장에 AND 연산자가 사용되었다면 아무런 결과도 출력되지 않을 것이다. 이 SQL 문의 결과는 다음과 같다.

➡ 결과 ▼

```
prod_name              prod_price
------------------     ------------------
Fish bean bag toy      3.4900
Bird bean bag toy      3.4900
Rabbit bean bag toy    3.4900
8 inch teddy bear      5.9900
12 inch teddy bear     8.9900
18 inch teddy bear     11.9900
Raggedy Ann            4.9900
```

> **🔤 OR**
>
> 지정된 조건을 하나라도 만족하는 행을 가져오도록 WHERE 절에서 사용하는 키워드

우선순위 이해하기

WHERE 절은 수에 제한 없이 AND와 OR 연산자를 가질 수 있다. 2개의 연산자를

조합하여 사용하면, 정교하고 복잡한 필터링을 수행할 수 있다. 하지만 AND와 OR 연산자를 조합하여 사용할 때 문제가 발생할 수 있는데, 다음 예제에서 이 문제점을 볼 수 있다. 여러분이 가격은 10달러 이상이면서 판매처는 DLL01이거나 BRS01인 제품을 모두 검색하고 싶다고 해보자. 이 경우 SELECT 문에서 AND와 OR 연산자를 함께 사용한 WHERE 절을 만들 것이다.

➔ 입력 ▼ 실습하기

```
SELECT prod_name, prod_price
FROM Products
WHERE vend_id = 'DLL01' OR vend_id = 'BRS01'
  AND prod_price >= 10;
```

➔ 결과 ▼

```
prod_name              prod_price
--------------------   --------------------
Fish bean bag toy      3.4900
Bird bean bag toy      3.4900
Rabbit bean bag toy    3.4900
18 inch teddy bear     11.9900
Raggedy Ann            4.9900
```

☑ 설명 ▼

위에 출력된 결과에서 반환된 행 중 4개의 가격이 10달러보다 작은 것을 보면 의도대로 필터링 되지 않은 것을 알 수 있다. 왜 이런 일이 생긴 것일까? 그 답은 연산자 우선순위에 있다. 다른 언어처럼 SQL은 OR 연산자 전에 AND 연산자를 먼저 처리한다. SQL이 위와 같은 WHERE 절을 만나면, 판매처가 BRS01이면서 10달러 이상인 제품과 가격에 관계없이 판매처가 DLL01인 제품을 함께 가져온다. 풀어서 설명하면 AND가 우선순위에서 더 높기 때문에 연산의 조합이 잘못된 것이다.

이 문제는 괄호를 이용하여 관련 있는 연산자를 묶는 방법으로 풀 수 있다. 다음 SELECT 문과 그 결과를 보자.

➔ 입력 ▼ 실습하기

```
SELECT prod_name, prod_price
FROM Products
WHERE (vend_id = 'DLL01' OR vend_id = 'BRS01')
AND prod_price >= 10;
```

➡️ **결과 ▼**

```
prod_name              prod_price
-------------------    ----------------------
18 inch teddy bear     11.9900
```

☑️ **설명 ▼**

이 SELECT 문과 이전 SELECT 문의 차이점은 처음 두 개의 WHERE 절 조건을 괄호로 묶었다는 것뿐이다. 괄호가 AND나 OR 연산자보다 우선순위가 더 높기 때문에, DBMS는 괄호 안에 있는 OR 연산자를 먼저 필터링한다. 이 SQL 문은 여러분이 원했던 대로 판매처가 DLL01이거나 BRS01이면서 가격이 10달러 이상인 제품을 가져온다.

> 💡 **WHERE 절에서 괄호 사용하기**
>
> WHERE 절에서 AND와 OR 연산자를 같이 사용할 때는 괄호를 사용하여 연산자를 묶자. 여러분이 적절하게 연산자를 배치해 원하는 결과를 가져온다고 할지라도, 기본적인 연산자 우선순위에 의존해서는 안 된다. 이렇게 괄호로 연산자를 묶으면 모호함을 줄일 수 있다는 장점이 있다.

IN 연산자 사용하기

IN 연산자는 조건의 범위를 지정할 때 사용한다. IN 연산자의 괄호 안에는 조건이 나열되는데, 각 조건은 콤마로 구분된다.

➡️ **입력 ▼**   실습하기

```
SELECT prod_name, prod_price
FROM Products
WHERE vend_id IN ('DLL01', 'BRS01')
ORDER BY prod_name;
```

➡️ **결과 ▼**

```
prod_name              prod_price
-------------------    ----------------------
12 inch teddy bear     8.9900
18 inch teddy bear     11.9900
8 inch teddy bear      5.9900
Bird bean bag toy      3.4900
```

```
Fish bean bag toy        3.4900
Rabbit bean bag toy      3.4900
Raggedy Ann              4.9900
```

☑ **설명 ▼**

이 문장은 판매처가 DLL01이거나 BRS01인 제품 목록을 가져온다. IN 연산자 다음에는 콤마로 구분된 목록이 나오는데, 이 목록은 모두 괄호 안에 있어야 한다.

만약 여러분이 IN 연산자가 OR와 같은 일을 수행한다는 생각이 들었다면, 제대로 이해하고 있다. 다음의 SQL 문은 앞서 나온 문장과 완전히 같은 일을 수행한다.

→] **입력 ▼**   실습하기

```
SELECT prod_name, prod_price
FROM Products
WHERE vend_id = 'DLL01' OR vend_id = 'BRS01'
ORDER BY prod_name;
```

☑ **결과 ▼**

```
prod_name               prod_price
--------------------    --------------------
12 inch teddy bear      8.9900
18 inch teddy bear      11.9900
8 inch teddy bear       5.9900
Bird bean bag toy       3.4900
Fish bean bag toy       3.4900
Rabbit bean bag toy     3.4900
Raggedy Ann             4.9900
```

IN 연산자를 사용하는 이유는 다음과 같은 장점 때문이다.

- 조건이 많을 때는 IN 연산자 문법이 OR보다 훨씬 깔끔하고 읽기 편하다.
- AND나 OR 연산자와 함께 사용할 때 연산자 우선순위를 관리하기 편하다.
- IN 연산자는 OR 연산자가 목록을 처리하는 것보다 속도가 빠르다(여기에서 사용된 예제처럼 조건이 몇 개 안 된다면 성능상의 차이점을 발견하기는 쉽지 않다).

- IN 연산자의 가장 큰 장점은 SELECT 문을 포함할 수 있다는 점이다. 이는 매우 동적인 WHERE 절을 만들 수 있게 한다. 좀 더 자세한 사항은 11장에서 확인할 수 있다.

> **🔑 IN**
>
> WHERE 절에서 값의 목록을 지정하는 키워드로, 각각의 값을 OR로 연달아 비교하는 것과 같은 효과를 준다.

NOT 연산자 사용하기

WHERE 절의 NOT 연산자는 뒤에 오는 조건을 역으로(거꾸로) 만든다. NOT은 단독으로 사용할 수 없기 때문에(반드시 다른 연산자와 함께 써야 하기에), 다른 연자와는 문법이 다르다. 즉 NOT 키워드는 필터링하려는 열 뒤가 아니라 앞에 적는다.

> **🔑 NOT**
>
> WHERE 절에서 조건을 부정하기 위해 사용하는 키워드

NOT의 사용 예를 살펴보자. 판매처가 DLL01이 아닌 제품을 출력하려면, SQL 문을 다음과 같이 작성할 수 있다.

➡ 입력 ▼   실습하기

```
SELECT prod_name
FROM Products
WHERE NOT vend_id = 'DLL01'
ORDER BY prod_name;
```

➡ 결과 ▼

```
prod_name
-------------------
```

```
12 inch teddy bear
18 inch teddy bear
8 inch teddy bear
King doll
Queen doll
```

☑ **설명 ▼**

NOT은 그다음에 나오는 조건을 부정한다. 그래서 vend_id가 DLL01이 아닌 제품을 가져온다.

다음은 <> 연산자를 사용해도 같은 결과를 얻을 수 있다는 것을 보여주는 예제이다.

➡ **입력 ▼**   실습하기

```
SELECT prod_name
FROM Products
WHERE vend_id <> 'DLL01'
ORDER BY prod_name;
```

➡ **결과 ▼**

```
prod_name
-------------------
12 inch teddy bear
18 inch teddy bear
8 inch teddy bear
King doll
Queen doll
```

☑ **설명 ▼**

왜 NOT을 사용할까? 사실 여기에 나온 것처럼 간단한 WHERE 절에서는 NOT을 사용할 만한 큰 장점이 없다. NOT은 좀 더 복잡한 절에서 유용하다. 예를 들어 IN 연산자와 NOT을 함께 사용하면 조건과 맞지 않는 행을 쉽게 찾을 수 있다.

> ✏ **MariaDB에서 NOT의 사용**
>
> MariaDB에서는 IN, BETWEEN, EXISTS 절에 NOT을 사용할 수 있다. 대부분의 DBMS가 어떤 조건이든지 부정할 때 NOT을 사용하는 것과는 조금 다른 방식이다.

정리해보자!

이번 장에서는 이전 장에 이어 WHERE 절에서 AND와 OR 연산자를 조합하는 방법을 배웠다. 그리고 연산자 평가 순서를 명시적으로 설정하는 방법과 IN과 NOT 연산자의 사용 방법도 학습했다.

도전 과제
실습하기

1. Vendors 테이블에서 캘리포니아에 있는 판매처의 이름(vend_name)을 가져오는 SQL 문을 작성하라(이를 처리하려면 국가(USA)와 주(CA)를 모두 봐야한다. 미국 외에도 캘리포니아라는 지명이 존재하기 때문이다). 문자열이 일치하는지 여부로 필터링해야 한다는 게 힌트다.

2. BR01, BR02, BR03 항목이 최소 100개 이상인 모든 주문 목록을 찾는 SQL 문을 작성하라. OrderItems 테이블에서 제품 ID(prod_id)와 수량으로 필터링하여 제품 번호(order_num), 제품 ID, 수량을 반환하도록 하자. 한 가지 힌트는 필터를 작성할 때 계산 순서에 특별히 주의를 기울여야 한다.

3. 이제 지난 4장의 도전 과제를 다시 보자. Products 테이블에서 가격이 3과 6 사이인 모든 제품의 제품명(prod_name)과 제품 가격(prod_price)을 가져오는 SQL 문을 작성하라. AND를 꼭 사용하고, 결과는 가격순으로 정렬하라.

4. 다음 SQL 문은 무엇이 잘못되었는가?(실행하지 말고 바로 알아내 보자.)

```
SELECT vend_name
FROM Vendors
ORDER BY vend_name
WHERE vend_country = 'USA' AND vend_state = 'CA';
```

6장

와일드카드 문자를 이용한 필터링

이 장에서는 와일드카드 문자가 무엇이고 어떻게 사용하는지, 그리고 검색된 데이터를 정교하게 필터링하기 위해 LIKE 연산자를 어떻게 사용할 수 있는지 학습한다.

LIKE 연산자 사용하기

여태까지 배웠던 모든 연산자는 알고 있는 값으로 필터링한다. 한 개 또는 두 개 이상의 값과 일치하는지, 특정 값보다 크거나 작은지 아니면 지정된 범위 안에 속하는지를 확인했다.

하지만 이런 방식이 항상 통하지는 않는다. 예를 들어 제품명에 bean bag이라는 문자열이 포함된 제품을 찾으려면 어떻게 해야 할까? 이런 경우 단순 비교 연산자만을 가지고는 검색할 수 없다. 이럴 때 와일드카드(Wildcard) 문자를 이용하면 검색이 가능하다. 와일드카드를 사용해 검색 패턴을 만들어서 데이터와 비교할 수 있다. 제품명에 bean bag이라는 문자열이 포함된 모든 제품을 찾길 원한다면 와일드카드 검색 패턴을 만들면 된다.

> 🔠 **와일드카드**
>
> 여러 데이터에서 부분적으로 일치하는 값이 있는지 확인할 때 사용되는 특수 문자

> **🔠 검색 패턴**
>
> 문자나 와일드카드 또는 이 두 개의 조합으로 구성된 검색 조건

와일드카드는 SQL WHERE 절에서 특별한 의미가 있는 문자이다. SQL은 여러 가지 와일드카드를 지원한다.

검색 절에서 와일드카드를 사용하려면 반드시 LIKE 연산자를 사용해야 한다. LIKE는 뒤에 나오는 검색 패턴과 일치하는 데이터를 찾는 게 아니라 와일드카드를 사용해 비교한다.

> **🔠 술어**
>
> 연산자가 연산자가 아닌 때는 언제일까? '술어'(문장 속에서 주어에 대해 진술하는 동사 이하 부분)일 때이다. 엄밀히 따지면, LIKE는 술어이지 연산자가 아니다. 결과는 똑같지만, 여러분이 SQL 문서나 매뉴얼에서 술어(predicate)라는 용어를 사용할 수도 있으니 LIKE가 술어라는 것을 기억해 두자.

와일드카드 검색은 텍스트 열(문자열)에서만 사용할 수 있으며, 문자열이 아닌 열을 검색할 때는 와일드카드를 사용할 수 없다.

% 와일드카드

가장 자주 사용하는 와일드카드는 백분율 기호인 %이다. 검색할 문자열에서 %는 임의의 수의 문자를 의미한다. 예를 들어 Fish라는 단어로 시작하는 제품을 찾고 싶다면, 다음과 같은 SELECT 문을 작성하면 된다.

↦ 입력 ▼　　　　　　　　　　　　　　　　　　　　　　　　[실습하기]

```
SELECT prod_id, prod_name
FROM Products
WHERE prod_name LIKE 'Fish%';
```

☐→ 결과 ▼

```
prod_id                 prod_name
-------------------     --------------------
BNBG01                  Fish bean bag toy
```

☑ 설명 ▼

이 문장에서는 'Fish%'라는 검색 패턴을 사용한다. 이 절이 처리될 때 Fish로 시작하는 값이 있다면, 모두 검색된다. %는 DBMS에게 Fish라는 단어 뒤로 몇 개의 문자가 오든지 허용하라고 지시한다.

✏ 대소문자 구분

사용하고 있는 DBMS에 따라 그리고 어떻게 설정되어 있는지에 따라 검색어는 대소문자를 구분할 수도 있다. 그런 경우 'fish%'로 검색하면 Fish bean bag toy 같은 것은 결과로 출력되지 않는다.

와일드카드는 검색 패턴 내 어디에서나 사용할 수 있고, 여러 개의 와일드카드를 같이 사용할 수도 있다. 다음은 검색 패턴의 양 끝에 와일드카드를 하나씩 사용한 예이다.

➡ 입력 ▼   실습하기

```
SELECT prod_id, prod_name
FROM Products
WHERE prod_name LIKE '%bean bag%';
```

☐→ 결과 ▼

```
prod_id                 prod_name
-------------------     --------------------
BNBG01                  Fish bean bag toy
BNBG02                  Bird bean bag toy
BNBG03                  Rabbit bean bag toy
```

☑ 설명 ▼

'%bean bag%' 검색 패턴은 bean bag을 포함한 문자열을 검색한다. 앞이나 뒤에 어떤 문자열이 와도 관계없다.

와일드카드는 검색 패턴의 중간에도 사용할 수 있지만, 이렇게는 많이 쓰이지 않는다. 다음은 F로 시작하고 y로 끝나는 제품을 찾는 예이다.

⊒ 입력 ▼ ⟨실습하기⟩

```
SELECT prod_name
FROM Products
WHERE prod_name LIKE 'F%y';
```

어떤 데이터도 없다고 나올 것이다.

> **♡ 이메일 주소의 일부분으로 검색하기**
>
> 와일드카드를 검색 패턴의 중간에 사용하는 것이 유용한 경우의 예로 이메일 주소의 일부만으로 검색할 때를 들 수 있다. WHERE email LIKE 'b%@forta.com'과 같이 이메일 주소의 일부만으로 이메일 주소를 검색할 수 있다.

검색 패턴에 사용된 %는 하나 이상의 문자뿐 아니라 0개의 문자를 뜻할 수도 있음을 기억하자. 즉, %는 검색 패턴이 사용된 위치에서 0개, 1개 또는 그 이상의 문자를 대신할 수 있다는 것을 기억하자.

> **✎ 후행 공백에 주의하자.**
>
> 일부 DBMS는 열을 공백으로 채운다. 예를 들어 50개의 문자를 넣을 수 있는 열에 Fish bean bag toy라는 길이가 17인 문자열을 저장하면, 열을 채우기 위해 33개의 공백이 추가될 수 있다. 이러한 채우기(padding)가 일반적으로 데이터에 영향을 미치지 않지만, SQL 문에는 영향을 줄 수도 있다. WHERE prod_name LIKE 'F%y' 절은 F로 시작하고 y로 끝나는 문자열을 검색하는데, 값에 공백이 추가되었다면 끝나는 값이 y가 아니기 때문에 Fish bean bag toy는 검색되지 않는다. 이 문제를 해결하는 간단한 방법은 검색 패턴에 %를 추가하는 것이다.
>
> 'F%y%'로 검색하면 y 뒤에 문자나 공백이 와도 된다. 더 나은 해결 방법은 함수를 이

용해서 공백을 제거하는 것인데 이는 8장에서 배울 것이다.

⚠ **NULL에 주의하자.**

% 와일드카드는 모든 것과 매칭되는 것처럼 보일지 모르지만, NULL은 예외이다. WHERE prod_name LIKE '%' 절도 제품명이 NULL인 행은 가져오지 않는다.

_ 와일드카드

% 와일드카드 다음으로 유용한 와일드카드는 언더라인(_)이다. 언더라인(_)은 %와 비슷하게 사용되지만, % 와일드카드가 여러 문자열을 대신할 수 있는 것과는 달리 _ 와일드카드는 단 한 개의 문자를 대신한다.

🖉 **Db2 와일드카드**

Db2에서는 _ 와일드카드가 지원되지 않는다.

다음 예를 보자.

➡ 입력 ▼ `실습하기`

```
SELECT prod_id, prod_name
FROM Products
WHERE prod_name LIKE '__ inch teddy bear';
```

🖉 **후행 공백에 주의하자.**

이전 예제에서처럼, 이 예제를 동작시키기 위해 검색 패턴에 와일드카드를 추가해야 할 수도 있다. 만일 아무 결과도 출력되지 않으면 다음과 같이 수정해보자.

```
SELECT prod_id, prod_name
FROM Products
WHERE prod_name LIKE '__ inch teddy bear%';
```

📥 **결과 ▼**

```
prod_id                    prod_name
-------------------        --------------------
BR02                       12 inch teddy bear
BR03                       18 inch teddy bear
```

☑ **설명 ▼**

WHERE 절에서 사용한 검색 패턴은 문자열 앞에 2개의 언더라인(__) 와일드카드를 적었고, 결과는 검색 패턴과 일치하는 행만을 볼 수 있다. 첫 번째 행에서의 언더라인은 12, 그리고 두 번째 행에서의 언더라인은 18을 대신한다. 8 inch teddy bear는 검색되지 않았는데, 그 이유는 이 검색 패턴에서는 하나가 아닌 두 개의 와일드카드를 사용했기 때문에 두 개의 문자가 있어야 한다.

다음의 SELECT 문은 % 와일드카드를 사용하는데, 3개의 결과를 출력한다.

➡ **입력 ▼**   실습하기

```
SELECT prod_id, prod_name
FROM Products
WHERE prod_name LIKE '% inch teddy bear';
```

⚠ **공백에 주의**

후행 공백으로 인해 검색이 안 된다면 WHERE 절을 다음과 같이 수정한다.

```
WHERE prod_name LIKE '% inch teddy bear%';
```

📥 **결과 ▼**

```
prod_id                    prod_name
-------------------        --------------------
BR01                       8 inch teddy bear
BR02                       12 inch teddy bear
BR03                       18 inch teddy bear
```

n개의 문자로 대체되는 %와는 달리 _는 반드시 한 개의 문자와 매칭된다. 더 많아도 더 적어도 안 된다.

집합([ ]) 와일드카드

와일드 카드 [ ]는 문자들을 하나의 집합으로 지정해 사용하는데, 이들 문자 중
하나는 지정된 위치(와일드카드가 지정한)의 문자와 반드시 일치하는 검색 결
과를 가져온다.

> ✏️ **집합 와일드카드는 일반적으로 지원되지 않는다.**
>
> 여태까지 설명한 와일드카드와는 달리, 집합을 만드는 데 사용하는 와일드카드 [ ]는
> Microsoft SQL Server에서는 지원하지만, MySQL, Oracle, DB2, SQLite에서는 지원
> 하지 않는다. 집합 와일드카드를 지원하는지 확인하려면, 사용하는 DBMS의 매뉴얼을
> 살펴보기 바란다.

예를 들어 J 또는 M으로 시작하는 연락처를 찾고 싶다면, 다음과 같이 입력할
수 있다.

➡️ 입력 ▼

```
SELECT cust_contact
FROM Customers
WHERE cust_contact LIKE '[JM]%'
ORDER BY cust_contact;
```

➡️ 결과 ▼

```
cust_contact
----------------
Jim Jones
John Smith
Michelle Green
```

☑️ 설명 ▼

이 절에서 검색 조건은 '[JM]%'이다. 이 검색 패턴은 두 개의 다른 와일드카드를 사용한다.
[JM]은 대괄호 안에 있는 문자 중 하나로 시작하는 연락처를 가져오는데, 이 와일드카드는 단
지 하나의 문자만 비교한다. 따라서 이름이 두 글자 이상이면 검색하지 않는다. 그래서 뒤에 %
와일드 카드를 붙여서 첫 번째 문자 뒤에 다른 문자가 나와도 검색되도록 하였다.

이 와일드카드 앞에 캐럿 기호(^)를 사용하여 반대의 효과를 가져올 수 있다. 예를 들어 J나 M으로 시작하지 않는(앞의 예와 반대인) 연락처를 가져오려면 다음 예제와 같이 사용한다.

➔ 입력 ▼

```
SELECT cust_contact
FROM Customers
WHERE cust_contact LIKE '[^JM]%'
ORDER BY cust_contact;
```

물론 NOT 연산자를 사용해서 똑같은 결과를 가져올 수도 있다. 캐럿 기호(^)의 장점은 여러 개의 WHERE 절을 사용할 때 명령문을 단순화할 수 있다는 점이다.

➔ 입력 ▼

```
SELECT cust_contact
FROM Customers
WHERE NOT cust_contact LIKE '[JM]%'
ORDER BY cust_contact;
```

와일드카드 사용 팁

앞서 살펴본 것처럼 SQL 와일드카드는 매우 강력하다. 하지만 이런 장점에는 대가가 따른다. 와일드카드 검색은 대체로 이전에 배운 다른 검색보다 시간이 오래 걸린다. 다음은 와일드카드를 사용할 때 주의해야 할 몇 가지 규칙이다.

- 와일드카드를 남용해서는 안 된다. 다른 검색 연산자를 이용해서 검색이 가능하다면, 그것을 이용하라.
- 꼭 필요한 경우가 아니라면 검색 패턴 시작에 와일드카드를 사용하지 말자. 와일드카드로 시작하는 검색 패턴은 처리가 가장 느리다.
- 와일드카드 기호의 위치 선정에 주의하자. 만약 와일드카드를 잘못된 곳에 사용한다면, 의도한 것과 다른 데이터가 검색될 것이다.

어쨌든 와일드카드는 여러분이 앞으로 자주 사용하게 될 중요하고 유용한 검색 도구이다.

정리해보자!

이번 장에서는 와일드카드가 무엇인지와 WHERE 절에서 SQL 와일드카드를 사용하는 방법을 배웠다. 그리고 와일드카드를 조심해서 사용해야 하며 남용해서는 안 된다는 것도 알아보았다.

도전 과제

실습하기

1. Products 테이블에서 설명(prod_desc)에 toy가 들어간 제품의 제품명(prod _name)과 설명을 가져오는 SQL 문을 작성하라.

2. 자, 이제 반대로 해 보자. Products 테이블에서 설명에 toy가 들어가지 않은 제품의 제품명(prod_name)과 설명(prod_desc)을 가져오는 SQL 문을 작성하라. 결과를 제품명으로 정렬하라.

3. Products 테이블에서 설명에 toy와 carrots이 함께 들어간 제품의 제품명(prod_name)과 설명(prod_desc)을 가져오는 SQL 문을 작성하라. 이걸 해결하는 데 여러 방법이 있겠지만, 이번 도전 과제에서는 AND와 2개의 LIKE 연산자를 이용한다.

4. 이번에는 좀 더 까다로운 과제다. 아직 문법을 구체적으로 설명하진 않았지만, 지금까지 배운 내용으로 해결할 수 있는지 한번 시도해 보자. Products 테이블에서 설명에 toy와 carrots이 순서대로 함께 들어간(설명에 toy가 carrots보다 먼저 있는) 제품의 제품명(prod_name)과 설명(prod_desc)을 가져오는 SQL 문을 작성하라. 하나의 LIKE와 3개의 % 기호를 사용해야 하는 게 힌트다.

7장

계산 필드 생성하기

이 장에서는 계산 필드가 무엇인지, 어떻게 생성하는지를 알아본다. 그리고 여러분이 사용하는 응용 프로그램에서 계산 필드를 참조하기 위해 별칭을 사용하는 방법도 학습한다.

계산 필드 이해하기

데이터베이스 테이블에 저장한 데이터는 종종 여러분이 사용하기 적합하게 저장되어 있지 않아 이용할 수 없는 경우가 있다. 몇 가지 사례를 살펴보자.

> **[A₂] 필드**
>
> 기본적으로는 열과 같은 뜻이며, 종종 서로 바꿔가며 부르기도 한다. 하지만 데이터베이스 열은 일반적으로 열(Column)이라고 부르며, 필드(field)란 용어는 보통 계산 필드와 함께 사용된다.

- 회사명과 회사 위치를 함께 출력하고 싶지만, 두 정보가 서로 다른 테이블 열에 저장되어 있다.
- 시, 도, 우편번호는 서로 다른 열에 저장되어 있지만, 배송지 주소를 인쇄하

는 응용 프로그램에서는 하나의 필드로 가져와야 한다.

- 열 데이터에는 대소문자가 섞여 있지만, 보고서에는 모두 대문자로 출력해야 한다.

- OrderItems(주문 테이블)에는 제품의 가격과 수량이 있지만, 각 제품에 대한 최종 가격(가격 * 수량)은 저장하지 않는다. 송장을 출력하려면 최종 가격이 필요하다.

- 테이블에 있는 데이터를 기반으로 합계, 평균, 또는 다른 계산값이 필요하다.

앞의 사례에서는 테이블에 저장한 데이터와 응용 프로그램이 원하는 형식이 아니다. 데이터를 있는 그대로 가져온 후 응용 프로그램이나 보고서에 맞게 형식을 바꾸기보다는, 데이터베이스에서 바로 변환된 혹은 계산된 데이터를 가져온다면 더욱 좋을 것이다. 이럴 때 계산 필드가 필요하다. 이전 장에서 가져온 열과는 달리 계산 필드는 데이터베이스 테이블에 실제로 존재하지 않는다. 계산 필드는 SQL SELECT 문에서 동적으로 생성되기 때문이다.

SELECT 문에서 어느 열이 테이블에 실제로 존재하는 것이고, 어느 것이 계산 필드인지는 데이터베이스만이 알고 있다. 클라이언트(여러분의 클라이언트 프로그램)의 관점에서 보면, 계산 필드 데이터도 다른 열의 데이터와 똑같은 방식으로 검색된다.

> ### 💡 클라이언트 vs 서버 서식 설정
>
> SQL 문에서 수행하는 변환과 서식 설정은 대부분 여러분이 사용하는 클라이언트 프로그램에서도 직접 수행할 수 있다. 하지만, 데이터베이스 서버에서 이런 작업을 수행하는 것이 클라이언트에서 수행하는 것보다 훨씬 빠르다.

필드 연결하기

계산 필드를 사용하는 방법을 알아보기 위해, 두 개의 열로 제목을 만드는 간단한 예제를 살펴보자.

   Vendors 테이블은 판매처명과 주소 정보를 갖고 있다. 여러분이 판매처 보고서를 작성한다고 상상해보자. 여러분은 '판매처명(위치)'라는 형식으로 판매처 목록을 출력하려고 한다. 이를 위해서는 판매처명과 판매처의 위치를 알아야 한다. 보고서는 한 개의 값이 있어야 하지만, 테이블에는 vend_name과 vend_country라는 두 개의 열에 각각 나누어 저장되어 있다. 또한, 판매처의 위치는 괄호로 감싸야 하는데 괄호는 데이터베이스 테이블에 저장되어 있지 않다. SELECT 문으로 판매처명과 판매처의 위치를 가져오는 것은 매우 간단하다. 하지만 어떻게 이 두 개의 값을 합칠 수 있을까?

> 🔤 **연결하기**
>
> 한 개의 긴 값을 만들기 위해 여러 개의 값을 합치는 것

해결책은 2개의 열을 연결하는 것이다. SQL SELECT 문에서 특별한 연산자를 이용하여 열을 연결할 수 있다. 어떤 DBMS를 사용하는지에 따라 이 연산자는 더하기 기호(+) 또는 2개의 파이프(||)가 될 수 있다. 반면 MySQL과 MariaDB에서는 특수 함수를 사용해야 한다.

> ✏️ **+ 또는 ||**
>
> SQL Server에서는 열을 연결하려면 + 기호를 사용해야 한다. DB2, Oracle, Postgre SQL, SQLite에서는 || 기호를 사용해야 한다. 좀 더 자세한 정보를 원하면 사용하는 DBMS의 매뉴얼을 살펴보자.

다음은 + 기호를 사용한 예이다.

```
SELECT vend_name + ' (' + vend_country + ')'
FROM Vendors
ORDER BY vend_name;
```

```
----------------------------------------------------------------
Bear Emporium                          (USA            )
Bears R Us                             (USA            )
Doll House Inc.                        (USA            )
Fun and Games                          (England        )
Furball Inc.                           (USA            )
Jouets et ours                         (France         )
```

다음은 똑같은 문장이지만, ||를 사용한 예이다.

```
SELECT vend_name || ' (' || vend_country || ')'
FROM Vendors
ORDER BY vend_name;
```

```
----------------------------------------------------------------
Bear Emporium                          (USA            )
Bears R Us                             (USA            )
Doll House Inc.                        (USA            )
Fun and Games                          (England        )
Furball Inc.                           (USA            )
Jouets et ours                         (France         )
```

만약 MySQL이나 MariaDB를 사용한다면 다음과 같이 입력해야 한다.

```
SELECT Concat(vend_name,' (',vend_country,')')
FROM Vendors
ORDER BY vend_name;
```

위의 문장들은 다음과 같은 항목들을 연결한다.

- vend_name 열에 저장된 이름
- 공백과 왼쪽 괄호
- vend_country 열에 저장된 국가
- 오른쪽 괄호

위 결과에서 볼 수 있듯이 SELECT 문은 네 개의 항목을 하나로 만들어 단일 열 (계산 필드)로 반환한다.

 SELECT 문이 반환한 결과를 다시 보자. 계산 필드에 포함된 두 개의 열이 공백 문자가 채워져 있는 것을 알 수 있다. 대부분 데이터베이스(모두는 아닐지라도)는 열 길이에 맞춰 텍스트를 저장하는데, 여러분이 원하는 형식에서는 이 공백이 필요하지 않을 것이다. 따라서 데이터를 원하는 형식으로 가져오려면 채워진 공백을 다시 잘라내야 한다. SQL RTRIM( ) 함수를 사용하여 공백을 제거할 수 있다.

➡ 입력 ▼

```
SELECT RTRIM(vend_name) + ' (' + RTRIM(vend_country) + ')'
FROM Vendors
ORDER BY vend_name;
```

➡ 결과 ▼

```
---------------------------------------------------------------------
Bear Emporium (USA)
Bears R Us (USA)
Doll House Inc. (USA)
Fun and Games (England)
Furball Inc. (USA)
Jouets et ours (France)
```

다음은 똑같은 문장이지만, || 기호를 사용한 예이다.

➡ 입력 ▼   실습하기

```
SELECT RTRIM(vend_name) || ' (' || RTRIM(vend_country) || ')'
FROM Vendors
ORDER BY vend_name;
```

➡ 결과▼

```
--------------------------------------------------------------------
Bear Emporium (USA)
Bears R Us (USA)
Doll House Inc. (USA)
Fun and Games (England)
Furball Inc. (USA)
Jouets et ours (France)
```

☑ 설명▼

RTRIM( ) 함수는 오른쪽에 있는 모든 공백을 제거한다. RTRIM( )을 사용해서, 각 열에 있는 공백이 모두 제거되었다.

> **✎ TRIM 함수**
>
> 대부분의 DBMS는 RTRIM( ), LTRIM( ), TRIM( ) 함수를 지원한다. 앞서 본 것처럼 RTRIM( )은 문자열의 오른쪽에 있는 공백을 제거하고 LTRIM( )은 문자열의 왼쪽에 있는 공백 문자를 제거한다. 그리고 TRIM( )은 양쪽에 있는 공백을 제거한다.

별칭 사용하기

앞의 결과에서 보듯이 주소 필드를 연결하려고 사용한 SELECT 문은 잘 동작한다. 하지만 새로운 계산 필드의 이름은 무엇일까? 사실 계산 필드에는 이름이 없다. 계산 필드는 단순히 하나의 값일 뿐이다. SQL 쿼리 도구에서 단순히 결과를 확인하려는 목적이라면 상관없지만, 클라이언트 프로그램에서는 이름이 없는 열은 사용할 수 없다. 왜냐하면 클라이언트에서 그 열을 호출할 방법이 없기 때문이다.

이 문제를 해결하기 위해 SQL은 열 별칭을 지원한다. 별칭(alias)이란 하나의 필드나 값을 부르기 위한 또 다른 이름이다. 별칭은 AS 키워드를 사용해서 부여할 수 있다.

다음 SELECT 문을 보자.

➡ 입력▼

```sql
SELECT RTRIM(vend_name) + ' (' + RTRIM(vend_country) + ')'
```

```
        AS vend_title
FROM Vendors
ORDER BY vend_name;
```

➡ 결과▼

```
vend_title
-------------------------------------------------------------------
Bear Emporium (USA)
Bears R Us (USA)
Doll House Inc. (USA)
Fun and Games (England)
Furball Inc. (USA)
Jouets et ours (France)
```

다음은 똑같은 문장이지만, || 기호를 사용하였다.

➡ 입력▼   실습하기

```
SELECT RTRIM(vend_name) || ' (' || RTRIM(vend_country) || ')'
        AS vend_title
FROM Vendors
ORDER BY vend_name;
```

➡ 결과▼

```
vend_title
-------------------------------------------------------------------
Bear Emporium (USA)
Bears R Us (USA)
Doll House Inc. (USA)
Fun and Games (England)
Furball Inc. (USA)
Jouets et ours (France)
```

MySQL이나 MariaDB를 사용한다면 다음과 같이 입력해야 한다.

➡ 입력▼

```
SELECT Concat(vend_name, ' (', vend_country, ')')
        AS vend_title
FROM Vendors
ORDER BY vend_name;
```

☑ **설명 ▼**

SELECT 문 자체는 기존과 같지만, 계산 필드 뒤에 AS vend_title이 따라온다는 점이 다르다. 이 부분이 바로 생성된 계산 필드에 vend_title이라는 이름을 붙이도록 지시한다. 결과는 이전과 완벽히 똑같지만, 이제 그 열에는 vend_title이라는 이름이 붙여졌다. 클라이언트 프로그램에서는 이 이름을 이용하여 실제 테이블 열처럼 열을 참조할 수 있다.

✏️ **AS는 선택 사항?**

많은 DBMS에서 AS를 생략해도 되지만, 사용하는 습관을 들이면 좋다.

💡 **별칭의 또 다른 용도**

별칭은 다른 용도로도 사용되는데, 한 가지는 실제 테이블 열 이름에 허용되지 않는 문자(예를 들면 공백 문자)가 포함되어 있을 때 이름을 바꾸는 데 쓰는 것이다. 아니면 원래 이름이 모호하거나 잘못 읽을 수 있으면 열 이름을 상세히 하는 데 사용하기도 한다.

⚠️ **별칭 이름**

별칭은 하나의 단어가 될 수도 있고 몇 개의 단어로 이루어진 문자열이 될 수도 있다. 후자를 사용할 경우, 문자열은 작은따옴표로 묶어야 한다. 그런데 이 사용법은 문법적으로 아무런 문제가 없지만, 권장되지 않는다. 여러 개의 단어로 된 이름은 이해하기는 쉬울 수 있지만 클라이언트 프로그램에서 문제가 될 소지가 너무도 많다. 그래서 별칭의 주된 용도는 여러 단어로 이루어진 열 이름을 한 개의 단어로 바꾸는 것이다.

💡 **파생열**

별칭을 간혹 '파생열(derived column)'로 부르기도 한다. 파생열이 별칭과 동일한 의미를 갖는다는 것만 기억하자.

수학 계산 수행하기

계산 필드는 가져온 데이터의 수학적 계산을 수행할 때도 자주 사용한다.

Orders 테이블은 주문 정보를 담고 있고, OrderItems 테이블은 각 주문에 포함된 개별 항목을 저장한다고 하자. 다음은 주문 번호가 20008인 모든 항목을 가져오는 SQL 문이다.

⤓ 입력 ▼　　　　　　　　　　　　　　　　　　　　　　　　　[실습하기]

```
SELECT prod_id, quantity, item_price
FROM OrderItems
WHERE order_num = 20008;
```

⇥ 결과 ▼

prod_id	quantity	item_price
RGAN01	5	4.9900
BR03	5	11.9900
BNBG01	10	3.4900
BNBG02	10	3.4900
BNBG03	10	3.4900

item_price 열에는 각 제품의 단위 가격이 있다. 최종 가격(가격 * 주문 수량)을 구하려면, 다음과 같이 작성한다.

⤓ 입력 ▼　　　　　　　　　　　　　　　　　　　　　　　　　[실습하기]

```
SELECT prod_id,
       quantity,
       item_price,
       quantity*item_price AS expanded_price
FROM OrderItems
WHERE order_num = 20008;
```

⇥ 결과 ▼

prod_id	quantity	item_price	expanded_price
RGAN01	5	4.9900	24.9500
BR03	5	11.9900	59.9500
BNBG01	10	3.4900	34.9000
BNBG02	10	3.4900	34.9000
BNBG03	10	3.4900	34.9000

☑ 설명 ▼

expanded_price 열은 간단히 quantity와 item_price를 곱한 계산 필드이다. 클라이언트 프로그램에서는 이제 이 열을 다른 열과 똑같이 사용할 수 있다.

SQL은 표 7-1에 있는 기본적인 수학 연산자를 지원한다. 또한, 우선순위를 설정하기 위해 괄호를 사용할 수 있다. 우선순위는 5장에서 살펴보았다.

연산자	설명
+	더하기
−	빼기
*	곱하기
/	나누기

표 7-1 SQL 산술 연산자

✏️ 계산 결과를 확인하는 방법

SELECT 절은 함수와 산술 계산을 테스트할 수 있는 좋은 방법을 제공한다. 보통은 테이블에서 데이터를 가져오기 위해 SELECT 절을 사용하지만, 수식을 확인하기 위해 FROM 절을 생략할 수 있다. 예를 들어 SELECT 3 * 2;는 6을 반환할 것이고 SELECT TRIM (' abc ');는 abc를 반환할 것이다. 그리고 또 다른 예로 MySQL, MariaDB에서는 SELECT Curdate( );는 현재 날짜와 시간을 가져온다. 테스트가 필요한 경우 SELECT 절을 사용할 수 있다는 것을 기억하자.

정리해보자!

이번 장에서는 계산 필드가 무엇인지 그리고 어떻게 계산 필드를 생성하는지를 배웠다. 문자열 연결과 산술 연산을 위해 계산 필드를 사용하는 예도 보았다. 그뿐만 아니라, 여러분이 사용하는 프로그램에서 계산 필드를 참조할 수 있도록 별칭을 생성하고 사용하는 방법도 살펴보았다.

도전 과제 [실습하기]

1. 별칭은 일반적으로 검색한 결과에서 테이블 열의 이름을 바꾸는 데 주로

쓴다(아마도 특정한 보고나 고객의 요구사항에 맞추기 위해). Vendors 테이블에서 vend_id, vend_name, vend_address, vend_city를 가져와 각각의 필드를 vname, vcity, vaddress로 이름을 바꾸고 그 결과를 판매처명(원래 이름이나 바꾼 이름 둘 다 사용할 수 있다)으로 정렬하는 SQL 문을 작성하라.

2. 우리가 예제로 사용하는 가게에서 전 상품을 10% 세일하고 있다. Products 테이블에서 prod_id, prod_price, sale_price를 가져오는 SQL 문을 작성하라. sale_price는 할인된 가격을 보여주는 계산된 필드이다. 원래 가격에서 90%를 곱하면(결국 10% 할인된) 할인가를 구할 수 있다.

8장

데이터 조작 함수 사용하기

이 장에서는 함수가 무엇인지, DBMS가 어떤 유형의 함수를 제공하는지 그리고 그 함수들을 어떻게 사용하는지에 대해 학습한다. 또한, SQL 함수가 왜 문제의 소지가 있는지도 배울 것이다.

함수 이해하기

다른 컴퓨터 언어처럼 SQL도 데이터를 조작할 수 있도록 함수를 지원한다. 함수는 데이터를 다룰 때 쓰는데, 보통 데이터를 변환하거나 조작할 수 있게 해주므로 중요한 SQL 도구 상자 중 하나다.

예를 들면 우리가 이전 장에서 문자열의 오른쪽 공백을 삭제하기 위해 사용했던 RTRIM( )이 바로 함수다.

함수로 인해 발생하는 문제

이번 장에 있는 예제를 실습하기 전에, 유감스럽지만 SQL 함수는 문제의 소지가 많다는 것을 여러분은 알고 있어야 한다.

SELECT와 같은 SQL 문은 거의 모든 DBMS에서 똑같이 지원하지만, 대다수 함수는 DBMS에 매우 종속적이다. 실제로 대형 DBMS에서 똑같이 지원하는 함수는 불과 몇 개에 지나지 않는다. 함수가 지원하는 기능은 대체로 같지만,

이름이나 문법은 DBMS마다 매우 다르다. 이 점이 얼마나 많은 문제를 야기하는지는 다음 표에서 확인할 수 있다. 표 8-1에는 자주 사용하는 세 가지 함수의 기능과 각 DBMS에서 사용하는 문법을 나열하였다.

기능	문법
문자열 일부 추출하기	Db2, Oracle, PostgreSQL, SQLite에서는 SUBSTR( )을 사용한다. MariaDB, MySQL, SQL Server는 SUBSTRING( )을 사용한다.
데이터형 변환하기	Oracle은 데이터형마다 사용하는 함수가 다르다. Db2, PostgreSQL, SQL Server는 CAST( )를 사용한다. MariaDB, MySQL, SQL Server는 CONVERTER( )를 사용한다.
현재 날짜 가져오기	Db2, PostgreSQL은 CURRENT_DATE( )를 사용한다. MariaDB, MySQL은 CURDATE( )를 사용한다. Oracle은 SYSDATE를, SQL Server는 GETDATE( )를 사용한다. SQLite는 DATE( )를 사용한다.

표 8-1 DBMS 함수 차이

SQL 문과 달리 SQL 함수는 DBMS 간 호환성이 매우 낮다. 이 말은 여러분이 특정 SQL 구현에 맞추어 짠 코드가 다른 DBMS에서는 동작하지 않을 수 있다는 의미이다.

> **🔤 호환(Portable)**
>
> 작성된 코드가 다른 환경에서도 동작하는 것

코드 호환성을 염두에 둔 SQL 개발자들은 실행 환경에 종속적인 함수를 사용하지 않으려고 할 것이다. 이런 생각이 훌륭하고 이상적이지만, 프로그램 성능을 희생해야 할 수도 있다. 여러분이 함수를 사용하지 않는다면, 응용 프로그램의 동작 효율을 떨어뜨리는 방식으로 코드를 짜야할 수 있다. 함수를 사용한다면 DMBS가 효율적으로 수행할 작업을 다른 방식으로 해결해야 하기 때문이다.

> **💡 함수를 사용해야만 할까?**
>
> 이제 여러분은 함수를 사용해야 할지 아니면 사용하지 말아야 할지 결정해야 한다. 결정은 여러분의 몫이지만, 옳고 그름은 없다. 만일 여러분이 함수를 사용하기로 했다면, 코드에 주석을 잘 작성하자. 그래야 나중에 여러분 자신 또는 다른 개발자가 이 코드가 어떤 SQL 실행 환경에서 동작하도록 작성한 것인지 알 수 있을 것이다.

함수 사용하기

대부분의 SQL 실행 환경은 다음에 나오는 유형의 함수를 지원한다.

- 문자열을 조작하기 위한 문자 함수

  (예) 문자의 공백을 삭제하거나 추가하는 함수, 대소문자를 바꾸는 함수

- 수치 데이터로 수학 계산을 시행하기 위한 수치 함수

  (예) 절댓값을 반환하거나 대수 계산을 시행하기 위한 함수

- 날짜와 시간을 조작하기 위한 날짜 함수

  (예) 날짜의 차이를 반환하는 함수, 유효한 날짜인지 확인하는 함수

- 결과를 사용자 친화적인 형식으로 보여주기 위한 서식 설정 함수

  (예) 현지 언어 형식으로 날짜 표시, 통화와 쉼표에 적절한 기호 추가

- 사용하고 있는 DBMS 정보를 반환하는 시스템 함수

  (예) 사용자 로그인 정보를 반환하는 함수

이전 장에서는 SELECT 절로 검색되는 열에서 함수를 사용하였는데, SELECT 문의 다른 부분(예를 들어 WHERE 절이라든지)이나 이후에 배울 다른 SQL 문에서도 함수를 사용할 수 있다.

문자열 조작 함수

우리는 이미 지난 장에서 오른쪽에 있는 공백 문자를 제거하기 위해 RTRIM( )이

라는 문자열 조작 함수를 사용한 적이 있다. 다음은 다른 문자열 조작 함수 중 하나인 UPPER( )를 사용한 예이다.

→] 입력 ▼　　　　　　　　　　　　　　　　　　　　　　　　　　　 `실습하기`

```
SELECT vend_name, UPPER(vend_name) AS vend_name_upcase
FROM Vendors
ORDER BY vend_name;
```

▣ 결과 ▼

```
vend_name                vend_name_upcase
------------------       ---------------------------
Bear Emporium            BEAR EMPORIUM
Bears R Us               BEARS R US
Doll House Inc.          DOLL HOUSE INC.
Fun and Games            FUN AND GAMES
Furball Inc.             FURBALL INC.
Jouets et ours           JOUETS ET OURS
```

보다시피 UPPER( )는 문자열을 모두 대문자로 변환한다. 이 예제에서는 판매처 명이 두 번씩 출력되었는데, 첫 번째는 Vendors 테이블에 저장된 그대로, 그리고 두 번째는 모든 문자를 대문자로 변환시킨 vend_name_upcase 열의 값이 출력되었다.

> **♀ 대문자, 소문자, 대소문자 혼합**
>
> 앞서 본 대로 SQL 함수는 대소문자를 구분하지 않기 때문에 upper( ), UPPER( ), Upper( ) 또는 SUBSTR( ), substr( ) 등으로 사용할 수 있다. 대소문자는 선호도에 따라 선택하면 되지만, 대소문자 스타일을 계속 바꾸면 SQL의 가독성이 떨어지므로 일관되게 사용하길 바란다.

표 8-2에서는 자주 사용하는 문자 조작 함수를 볼 수 있다.

표 8-2에 있는 항목 중 SOUNDEX( )는 좀 더 설명이 필요하다. SOUNDEX( )는 문자열을 소리 나는 대로 표현하는 문자열 변환 알고리즘이다. SOUNDEX( )는 어떤

함수	설명
LEFT( ) (또는 문자열 추출 함수 사용)	문자열 왼쪽에서부터 문자열 일부를 추출
LENGTH( ) (또는 DATALENGTH( )나 LEN( ))	문자열의 길이를 반환
LOWER( )	문자열을 소문자로 변환
LTRIM( )	문자열의 왼쪽에 있는 공백 문자를 삭제
RIGHT( ) (또는 문자열 추출 함수 사용)	문자열 오른쪽에서부터 문자열 일부를 추출
RTRIM( )	문자열의 오른쪽에 있는 공백 문자를 삭제
SUBSTR( ) 또는 SUBSTRING( )	문자열의 일부분 추출 (표 8-1 참조)
SOUNDEX( )	문자열의 SOUNDEX 값을 반환
UPPER( )	문자열을 대문자로 변환

표 8-2 자주 사용되는 문자열 조작 함수

문자열이 입력되었는지보다는 어떻게 발음하는지를 비교하여 비슷한 소리를 내는 문자와 음절로 변환한다. SOUNDEX( )가 SQL에서 정의한 개념은 아니지만, 대부분의 DBMS에서는 SOUNDEX( )를 지원한다.

> ### ✏️ SOUNDEX( ) 지원
>
> SOUNDEX( )는 PostgreSQL에서는 지원하지 않기 때문에 다음 예제는 해당 DBMS에서는 작동하지 않는다.
>
> 추가로 SQLite에서는 SQLITE_SOUNDEX라는 컴파일 옵션을 사용할 때만 이 함수를 사용할 수 있다. 그리고 컴파일 옵션에서 SQLITE_SOUNDEX는 기본 설정값이 아니므로 대부분의 SQLite 실행 환경에서는 SOUNDEX( )를 지원하지 않을 것이다.

다음은 SOUNDEX( ) 함수를 사용하는 예제이다. 고객 테이블의 Kids Place라는 고객의 연락처에는 Michelle Green이 있다. 그런데 만약 이 연락처가 원래는 Michael Green이어야 했는데, 입력할 때 실수로 Michelle Green으로 잘못 입력한 경우라면 어떻게 해야 할까? 당연히 아래에서 보는 것처럼 원래의 연락처 이름으로는 찾는 것이 불가능하다.

➡ 입력▼

```
SELECT cust_name, cust_contact
FROM Customers
WHERE cust_contact = 'Michael Green';
```

➡ 결과▼

```
cust_name        cust_contact
---------------  ---------------
```

이제 Michael Green과 비슷한 소리를 내는 연락처를 검색하기 위해 SOUNDEX( ) 함
수를 이용해보자.

➡ 입력▼

```
SELECT cust_name, cust_contact
FROM Customers
WHERE SOUNDEX(cust_contact) = SOUNDEX('Michael Green');
```

➡ 결과▼

```
cust_name        cust_contact
---------------  ---------------
Kids Place       Michelle Green
```

☑ 설명▼

WHERE 절에서 cust_contact 열과 찾으려는 문자열을 모두 SOUNDEX( ) 함수를 사용해서 변
환하였다. Michelle Green과 Michael Green은 비슷한 소리가 나기 때문에 WHERE 절은 원
하는 데이터를 필터링하여 검색 결과로 출력한다.

날짜와 시간 조작 함수

날짜와 시간은 각각의 DBMS마다 특별한 특성을 지닌 데이터형을 사용한다.
날짜와 시간 값은 물리적인 저장 공간을 절약할 수 있고, 효율적이면서 빠르게
정렬되거나 필터링 되도록 특별한 형식으로 저장된다.

보통 날짜와 시간을 저장하는데 사용하는 내부 데이터 형식은 여러분의 응
용 프로그램에서는 사용할 수 없는 형식이므로, 날짜 또는 시간을 읽거나 조작
하기 위해서는 날짜와 시간 함수가 필요하다. 이 때문에 날짜와 시간 조작 함

수는 SQL 언어에서도 매우 중요한 기능을 차지하지만, 불행히도 이 함수는 일관성이 매우 적고, 호환이 거의 되지 않는다.

　다음은 날짜 조작 함수를 사용하는 간단한 예제이다. Orders 테이블은 주문 정보를 주문한 날짜와 함께 저장한다. 특정 연도에 접수된 주문 내역을 모두 가져오려면 주문 날짜로 필터링해야 하는데, 날짜 전체가 아니라 연도만 필요하므로, 날짜로부터 연도를 추출해야 한다.

　SQL Server에서 2020년에 작성한 주문 목록을 가져오려면, 다음과 같이 입력하면 된다.

➜ 입력 ▼

```
SELECT order_num
FROM Orders
WHERE DATEPART(yy, order_date) = 2020;
```

➡ 결과 ▼

```
order_num
----------
20005
20006
20007
20008
20009
```

☑ 설명 ▼

이 예제는 DATEPART( ) 함수를 사용한다. 그 이름에서 예상할 수 있듯이 DATEPART( ) 함수는 날짜 일부분을 반환한다. DATEPART( )는 두 개의 매개변수를 갖는데 하나는 반환할 데이터를, 그리고 다른 하나는 가져올 날짜를 적는다. 앞의 예에서 DATEPART( )는 order_date 열에서 연도를 가져온다. WHERE 절에서는 가져온 연도를 2020과 같은 값인지 비교한다.

PostgreSQL에서는 DATE_PART( )라는 이름의 비슷한 함수를 사용하면 된다.

➜ 입력 ▼

```
SELECT order_num
FROM Orders
WHERE DATE_PART('year', order_date) = 2020;
```

Oracle은 DATEPART( ) 함수는 없지만, 날짜 조작 함수가 여러 개 있는데 같은 결과를 얻기 위해 다음과 같이 입력한다.

⭐ 입력 ▼ 〔실습하기〕

```
SELECT order_num
FROM Orders
WHERE EXTRACT(year FROM order_date) = '2020';
```

☑ 설명 ▼

EXTRACT( )는 날짜의 일부분을 추출하기 위해 사용되었고, year로 날짜에서 추출하고자 하는 부분을 지정하였다. 반환된 값을 2020과 비교한다.

> **💡 PostgreSQL에서 지원하는 Extract( )**
>
> PostgreSQL은 Extract( ) 함수도 지원하므로, (앞서 설명한 Date_Part( ) 말고) 이 방법을 사용해도 작동한다.

같은 작업을 수행하기 위한 또 다른 방법이 있는데, BETWEEN 연산자를 사용하는 것이다.

⭐ 입력 ▼ 〔실습하기〕

```
SELECT order_num
FROM Orders
WHERE order_date BETWEEN to_date('2020-01-01', 'yyyy-mm-dd')
  AND to_date('2020-12-31', 'yyyy-mm-dd');
```

☑ 설명 ▼

Oracle의 to_date( ) 함수는 두 문자열을 날짜로 변환하기 위해 사용되었다. 하나는 2020년 1월 1일을, 그리고 다른 하나는 2020년 12월 31일을 갖는다. 표준 BETWEEN 연산자는 두 날짜 사이의 주문 내역을 찾는다. SQL Server에서는 to_date( ) 함수를 지원하지 않으므로 SQL Server에서는 이 코드가 동작하지 않지만, to_date( )를 DATEPART( )로 바꾸어 사용할 수 있다.

Db2, MySQL과 MariaDB는 많은 데이터 조작 함수를 갖고 있지만, DATEPART( )

는 지원하지 않는다. Db2, MySQL과 MariaDB 사용자는 YEAR( ) 함수를 사용해 연도를 추출할 수 있다.

⇥ 입력 ▼

```
SELECT order_num
FROM Orders
WHERE YEAR(order_date) = 2020;
```

SQLite는 조금 더 복잡하다.

⇥ 입력 ▼

```
SELECT order_num
FROM Orders
WHERE strftime('%Y', order_date) = '2020';
```

여기서 보여준 예제는 날짜의 일부분(연도)을 추출한 것이다. 특정 월(달)로 필터링하기 위해 동일한 과정을 진행할 수도 있고, AND 연산자를 사용해 연도와 달을 모두 비교할 수도 있다.

DBMS는 일반적으로 이런 간단한 날짜 추출 외에도 많은 기능을 제공한다. 즉 날짜 비교, 날짜 계산, 날짜 형식 지정 등의 함수를 제공한다. 그렇지만 앞서 본 것처럼 날짜-시간 조작 함수는 특정 DBMS에 종속적이므로, 지원되는 날짜-시간 조작 함수를 확인하려면 사용하는 DBMS의 매뉴얼을 살펴보기 바란다.

수치 조작 함수

수치 조작 함수는 말 그대로 수치 데이터를 조작한다. 이 함수는 대수학, 삼각법, 또는 기하학 계산에 주로 사용되므로, 문자열이나 날짜와 시간 조작 함수처럼 자주 사용하지는 않는다.

대형 DBMS에서 지원하는 수치 조작 함수는 대부분 비슷하다. 표 8-3에서는 자주 사용하는 수치 조작 함수를 볼 수 있다.

지원되는 수치 조작 함수를 확인하려면, 사용하는 DBMS의 매뉴얼을 살펴보기 바란다.

함수	설명
ABS( )	숫자의 절댓값을 반환한다.
COS( )	숫자의 코사인값을 반환한다.
EXP( )	숫자의 지숫값을 반환한다.
PI( )	숫자의 파이값을 반환한다.
SIN( )	숫자의 사인값을 반환한다.
SQRT( )	숫자의 제곱근을 반환한다.
TAN( )	숫자의 탄젠트값을 반환한다.

표 8-3 자주 사용되는 수치 조작 함수

정리해보자!

이번 장에서는 SQL의 데이터 조작 함수를 사용하는 방법을 배웠다. 함수는 서식 설정, 데이터 조작, 데이터 필터링에는 매우 유용하지만, SQL 실행 환경마다 함수를 사용하는 방법이 많이 다르다는 점도 알아보았다.

도전 과제

실습하기

1. 우리 가게는 지금 온라인 영업 중이며 고객 계정을 생성하고 있다. 모든 사용자는 로그인 이름이 필요하며, 기본 로그인 이름은 고객 이름과 도시명을 조합하여 만든다. 고객 테이블에서 고객 ID(cust_id), 고객명(customer_name), 사용자 로그인 이름(user_login)을 가져오는 SQL 문을 작성하라. 이때 user_login은 고객 이름의 첫 두 글자와 고객 도시명(cust_city)의 첫 세 글자를 연결해 만들어야 한다. 예를 들어 Oak Park에 사는 Ben Forta의 경우 BEOAK가 로그인 정보가 될 것이다. 힌트! 함수와 필드 연결, 별칭을 사용해보자.

> ♡ **열 이름의 혼란**
> 이 데이터베이스 예제에서 고객명은 고객사라고 할 수 있는데, 아마도 이 회사는 회사를

주된 고객으로 하는 것 같다. 고객 연락처는 아마도 고객사의 담당자를 의미하는 것으로 이해하면 될 것이다.

2. 2020년 1월에 접수된 모든 주문의 주문 번호(order_num)와 주문 날짜 (order_date)를 날짜로 정렬하여 가져오는 SQL 문을 작성하라. 여태까지 배운 거로 해결할 수 있겠지만 필요하면 DBMS 매뉴얼을 참조하기 바란다.

9장

데이터 요약

이 장에서는 SQL 그룹 함수가 무엇인지, 테이블 데이터를 요약하기 위해 그룹 함수를 어떻게 사용하는지 학습한다.

그룹 함수 사용하기

데이터를 실제로 가져오지 않고 데이터를 요약해야 할 때가 종종 있다. SQL은 이런 목적을 위해 특별한 함수를 제공한다. 이 함수를 그룹 함수라고 하는데, 분석이나 보고를 목적으로 데이터를 가져올 수 있다. 다음과 같은 상황에서 이런 유형의 연산이 필요하다.

- 테이블에 있는 행의 수(또는 조건을 만족하거나 특정한 값을 가진 행의 수) 를 확인한다.
- 테이블에 있는 여러 행의 합계를 구한다.
- 테이블에서 가장 큰 값, 가장 작은 값, 평균값을 구한다(모든 행이나 특정 행에 있는).

여러분이 원하는 것은 데이터 그 자체가 아니라 데이터의 요약 정보이다. 그래서 실제 테이블 데이터를 가져오는 것은 시간과 자원의 낭비가 될 수 있다.

SQL은 표 9-1에 나열한 다섯 개의 그룹 함수 기능을 지원한다. 이 함수들은 방금 열거한 모든 유형의 연산을 가능하게 한다. 이전 장에서 배운 데이터 조작 함수와는 달리, SQL 그룹 함수는 대다수 SQL 환경에서 거의 비슷하게 지원한다.

> **📖 그룹 함수**
>
> 여러 행에 대한 연산을 수행하고, 하나의 값을 반환하는 함수

함수	설명
AVG( )	열의 평균값을 반환한다.
COUNT( )	열에 있는 행의 개수를 반환한다.
MAX( )	열의 최댓값을 반환한다.
MIN( )	열의 최솟값을 반환한다.
SUM( )	열의 합계를 반환한다.

표 9-1 SQL 그룹 함수

이후부터는 각 함수의 사용법을 알아보겠다.

AVG( ) 함수

AVG( )는 테이블에 있는 행의 수와 각 행의 합을 계산해 특정 열의 평균값을 반환한다. 또 모든 열의 평균값을 구하거나 특정 열 또는 행의 평균값을 구할 수 있다.

첫 번째 예제는 AVG( )를 사용하여 Products 테이블에 있는 제품의 평균값을 가져온다.

➡ 입력 ▼　　　　　　　　　　　　　　　　　　　　실습하기

```
SELECT AVG(prod_price) AS avg_price
FROM Products;
```

➡ 결과 ▼

```
avg_price
------------
6.823333
```

☑ 설명 ▼

이 SELECT 문은 Products 테이블에 있는 제품 가격의 평균값을 avg_price에 저장하여 반환한다. avg_price는 7장에서 설명한 별칭이다.

AVG( )는 모든 열 또는 지정한 열의 평균값을 구하는 데 사용할 수 있다. 다음 예제는 지정한 판매처에서 제공한 제품의 평균값을 가져온다.

➡ 입력 ▼   실습하기

```
SELECT AVG(prod_price) AS avg_price
FROM Products
WHERE vend_id = 'DLL01';
```

➡ 결과 ▼

```
avg_price
------------
3.8650
```

☑ 설명 ▼

이 SELECT 문과 이전 SQL 문의 차이점은 WHERE 절에 있다. WHERE 절에서 vend_id가 DLL01인 제품만을 가져오도록 필터링하기 때문에 avg_price는 그 판매처의 제품 가격만 평균을 내어 반환한다.

> **⚠ 하나의 열만 사용 가능한 AVG( ) 함수**
>
> AVG( )는 숫자열 하나의 평균값을 구하는 데 사용할 수 있으며, 매개변수로 열 이름을 적어주어야 한다. 여러 열에 대한 평균값을 얻고 싶다면, 여러 개의 AVG( ) 함수를 사용해야 한다. 여러 열에서 계산된 하나의 값을 가져오는 경우는 예외인데, 이는 뒷부분에서 설명한다.

> ✏ **NULL 값**
>
> AVG( ) 함수는 NULL 값을 가진 행은 무시한다.

COUNT( ) 함수

COUNT( )는 말 그대로 행의 개수를 세는 함수이다. COUNT( )를 사용해서 테이블에 있는 행의 수나 지정한 조건을 만족하는 행의 수를 구할 수 있다.

COUNT( )는 두 가지 방법으로 사용할 수 있다.

- 테이블에 있는 모든 행의 수를 세기 위해 COUNT(*)를 사용한다. NULL 값을 가진 열을 포함하여 행의 수를 센다.
- 지정한 열에 값이 있는 행의 수를 세기 위해 COUNT(열 이름)를 사용한다. 이때 NULL 값을 가진 행은 무시된다.

다음은 Customers 테이블에 있는 고객의 수를 가져오는 예제이다.

➡ 입력▼ `실습하기`

```
SELECT COUNT(*) AS num_cust
FROM Customers;
```

➡ 결과▼

```
num_cust
----------
5
```

☑ 설명▼

COUNT(*)은 값에 관계없이 모든 행을 세고, 그 수를 num_cust로 가져왔다.

다음은 이메일 주소가 있는 고객만을 세는 예제이다.

➡ 입력▼ `실습하기`

```
SELECT COUNT(cust_email) AS num_cust
FROM Customers;
```

▶ 결과 ▼

```
num_cust
----------
3
```

☑ 설명 ▼

이 SELECT 문은 cust_email 열에 값이 있는 행의 수만 세기 위해 COUNT(cust_email)를 사용하였다. cust_email 값은 3으로 출력되었는데, 이는 5명의 고객 중 이메일 주소가 있는 고객은 3명뿐이라는 것을 의미한다.

> **✐ NULL 값**
>
> 열 이름이 지정된 경우 COUNT( ) 함수는 NULL 값을 가진 행은 무시한다. 하지만 애스터 리스크(*)를 사용하면, NULL 값을 가진 행도 포함하여 행의 개수를 계산한다.

MAX( ) 함수

MAX( )는 지정한 열에서 가장 큰 값을 반환한다. 다음 예제에서 보는 것처럼 MAX( )를 사용할 때는 열 이름을 명시해야 한다.

▶ 입력 ▼　　　　　　　　　　　　　　　　　　　　　　　　　　　　　실습하기

```
SELECT MAX(prod_price) AS max_price
FROM Products;
```

▶ 결과 ▼

```
max_price
----------
11.9900
```

☑ 설명 ▼

MAX( )는 Products 테이블에서 가장 비싼 제품의 가격을 반환하였다.

> **♀ 문자열에서 MAX( ) 사용하기**
>
> MAX( )는 보통 숫자나 날짜 데이터에서 가장 큰 값을 구하기 위해 사용하지만, 많은

DBMS는 문자열 데이터가 있는 열에서도 MAX( )를 지원한다. 문자열 데이터에 MAX( ) 함수를 사용하면, MAX( )는 데이터가 열로 정렬된 경우 가장 마지막에 있는 행을 반환한다.

✎ NULL 값

MAX( ) 함수는 NULL 값을 가진 행은 무시한다.

MIN( ) 함수

MIN( )은 MAX( )와 정확히 반대로 동작한다. 이 함수는 지정한 열에서 가장 작은 값을 반환한다. MAX( )와 마찬가지로 MIN( )을 사용할 때도 열 이름을 명시해야 한다.

⤵ 입력 ▼

```
SELECT MIN(prod_price) AS min_price
FROM Products;
```

⤶ 결과 ▼

```
min_price
----------
3.4900
```

☑ 설명 ▼

MIN( )은 Products 테이블에서 가장 저렴한 제품의 가격을 반환하였다.

💡 문자열에서 MIN( ) 사용하기

MIN( )은 보통 숫자나 날짜 데이터에서 가장 작은 값을 구하기 위해 사용하지만, 많은 DBMS는 문자열 데이터가 있는 열에서도 MIN( )을 지원한다. 문자열 데이터에 MIN( ) 함수를 사용하면, 데이터가 열로 정렬된 경우 가장 처음에 있는 행을 반환한다.

✎ NULL 값

MIN( ) 함수는 NULL 값을 가진 행은 무시한다.

SUM( ) 함수

SUM( )은 지정한 열의 합을 구한다. OrderItems 테이블은 주문된 제품과 주문 수량을 갖고 있다. 주문된 제품의 총수량(모든 quantity 값의 합)을 가져오는 방법은 다음과 같다.

➡️ 입력 ▼ 실습하기

```
SELECT SUM(quantity) AS item_ordered
FROM OrderItems
WHERE order_num = 20005;
```

➡️ 결과 ▼

```
item_ordered
-----------------
200
```

☑️ 설명 ▼

SUM(quantity) 함수는 주문된 제품의 총수량을 반환한다. 그리고 WHERE 절은 합계를 얻고 자 하는 주문 번호를 지정한다.

SUM( )을 사용해 총액을 구할 수도 있다. 다음은 각 제품의 가격과 수량을 곱 (item_price*quantity)한 값을 모두 합해 총액을 구하는 예제이다.

➡️ 입력 ▼ 실습하기

```
SELECT SUM(item_price*quantity) AS total_price
FROM OrderItems
WHERE order_num = 20005;
```

➡️ 결과 ▼

```
total_price
------------
1648.0000
```

☑️ 설명 ▼

SUM(item_price*quantity) 함수는 주문된 제품의 가격과 수량을 계산하여 총액을 반환 한다. 그리고 WHERE 절에는 합계를 내려고 하는 주문 번호를 지정한다.

> 💡 **여러 열에서의 계산 수행**
>
> 앞 장의 예제처럼 모든 그룹 함수는 표준 수학 연산자를 사용하여 여러 열에 대한 계산을 수행할 수 있다.
>
> ✏️ **NULL 값**
>
> SUM( ) 함수는 NULL 값을 가진 행은 무시한다.

중복되는 값에 대한 그룹 함수

다섯 개의 그룹 함수 모두 두 가지 방법으로 사용할 수 있다.

· ALL을 쓰거나 아무런 키워드도 쓰지 않으면 모든 행에 대해 계산을 수행한다(ALL이 기본값이기 때문에 아무런 키워드도 쓰지 않으면 ALL로 인식한다).
· 중복되는 값을 제거하기 위해 DISTINCT라는 키워드를 쓴다.

> 💡 **기본값 ALL**
>
> ALL은 기본값이기 때문에 키워드로 지정할 필요가 없다. DISTINCT라고 명시하지 않으면, ALL이라고 가정한다.

다음 예제에서는 AVG( ) 함수를 사용하여 지정한 판매처에서 제공한 제품의 평균값을 구한다. 앞서 사용한 SELECT 문과 같지만, 여기서는 DISTINCT 키워드가 사용되었기에 중복을 제외한 고유한 값만으로 평균값을 구한다.

➡️ 입력▼　　　　　　　　　　　　　　　　　　　　　　　　　[실습하기]

```
SELECT AVG(DISTINCT prod_price) AS avg_price
FROM Products
WHERE vend_id = 'DLL01';
```

📥 **결과 ▼**

```
avg_price
-----------
4.2400
```

☑ **설명 ▼**

이 예에서 보면 DISTINCT를 사용했을 때 avg_price가 더 높은데, 이는 낮은 가격의 제품이 여러 개 있었기 때문이다. 중복되는 가격을 제외하여 평균 가격이 올라간다.

⚠ **COUNT(*)와 DISTINCT는 같이 사용할 수 없다.**

DISTINCT는 COUNT( )에 열 이름이 지정된 경우에만 함께 사용할 수 있다. 즉, COUNT (*)와는 함께 사용할 수 없다. 또한, 계산이나 수식과는 함께 사용할 수 없고 반드시 열 이름과 함께 사용해야 한다.

💡 **MIN( ), MAX( )에서 DISTINCT 사용**

엄밀히 따지면 MIN( ), MAX( ) 함수에서 DISTSINCT를 사용할 수 있지만, 실제로는 중복을 포함하든, 포함하지 않든 최솟값과 최댓값은 똑같기 때문에 큰 의미가 없다.

✎ **추가 그룹 함수 키워드**

앞서 보았던 DISTINCT와 ALL 외에, 몇몇 DBMS는 쿼리 결과에서 일부분을 계산할 수 있게 해주는 TOP, TOP PERCENT와 같은 키워드를 추가로 지원한다. 정확히 어떤 키워드가 제공되는지 확인하려면 사용하는 DBMS의 매뉴얼을 살펴보기 바란다.

그룹 함수 결합하기

지금까지는 하나의 집계 함수만을 사용한 예를 보여주었다. 하지만 실제로 SELECT 문에서는 필요한 만큼의 그룹 함수를 사용할 수 있다. 다음 예제를 보자.

📥 **입력 ▼** `실습하기`

```
SELECT COUNT(*) AS num_items,
       MIN(prod_price) AS price_min,
```

```
        MAX(prod_price) AS price_max,
        AVG(prod_price) AS price_avg
FROM Products;
```

📥 **결과 ▼**

num_items	price_min	price_max	price_avg
9	3.4900	11.9900	6.823333

☑ **설명 ▼**

하나의 SELECT 문에서 한 번에 네 개의 그룹 함수를 수행하고, 네 개의 값(Products 테이블에 있는 제품의 수, 최소 가격, 최대 가격, 평균 가격)을 반환한다.

⚠ **별칭 만들기**

그룹 함수의 결과를 저장할 별칭을 지정할 때는 테이블에 있는 실제 열 이름은 사용하지 않도록 노력하자. 실제 사용하고 있는 열 이름을 사용하는 게 잘못된 것은 아니지만, 많은 DBMS에서 이를 지원하지 않는다. 그렇기 때문에 실제 열 이름을 사용한다면, DBMS가 에러 메시지를 출력할 수도 있다.

정리해보자!

그룹 함수는 데이터를 요약하는 데 사용된다. SQL은 다섯 가지 그룹 함수를 지원하고, 필요한 결과를 가져오기 위해 여러 가지 방식으로 사용할 수 있다. 이 함수들은 매우 효율적으로 설계되었기 때문에 여러분이 직접 클라이언트 프로그램에서 계산하는 것보다 훨씬 빠르게 결과를 가져온다.

도전 과제

실습하기

1. OrderItems에 있는 quantity 열을 사용해 판매 수량의 총합계를 구하는 SQL 문을 작성하라.

2. 방금 작성한 문장을 수정하여 BR01 항목의 총합계를 구하는 SQL 문을 작성하라.

3. Products 테이블에서 가격이 **10** 또는 그 이하 중에서 가장 비싼 제품의 가격(prod_price)을 가져오는 SQL 문을 작성하라. 계산된 필드를 max_price 라고 하자.

10장

S Q L   i n   1 0   M i n u t e s

데이터 그룹핑

이 장에서는 데이터를 그룹핑하는 방법을 배워 테이블에 있는 데이터의 일부분을 요약해본다. 또 데이터를 그룹핑하기 위해 SELECT 문의 GROUP BY와 HAVING이라는 두 개의 절도 학습한다.

데이터 그룹핑 이해하기

지난 장에서는 그룹 함수로 데이터를 요약하는 방법을 배웠다. 그룹 함수를 사용하면 데이터를 실제로 가져오지 않고도 행의 개수를 세거나 합계, 평균을 계산할 수 있고 최댓값과 최솟값을 구할 수도 있다.

이 연산은 테이블에 있는 모든 데이터 또는 WHERE 절의 조건과 일치하는 특정 데이터를 대상으로 하여 수행할 수 있다. 기억을 되살리기 위해 다음 예제를 보자. 판매처 DLL01에서 판매되는 제품의 수를 구하는 예제이다.

→] 입력 ▼   실습하기

```
SELECT COUNT(*) AS num_prods
FROM Products
WHERE vend_id = 'DLL01';
```

➡️ 결과 ▼

```
num_prods
---------------
4
```

그런데 만약 내가 원하는 것이 각 판매처의 제품 수를 구하는 것이라면? 또는 하나의 제품만을 파는 판매처나 10개 이상을 파는 판매처가 몇 개인지 확인하고 싶다면 어떻게 해야 할까?

이럴 때 그룹핑이 필요하다. 그룹핑은 데이터를 논리적으로 나눠주기 때문에 각 그룹에 대한 집계 연산을 수행할 수 있다.

그룹 생성하기

그룹은 SELECT 문에서 GROUP BY 절을 사용하여 생성할 수 있다. 이해를 돕기 위해 다음 예제를 보자.

➡️ 입력 ▼   실습하기

```
SELECT vend_id, COUNT(*) AS num_prods
FROM Products
GROUP BY vend_id;
```

➡️ 결과 ▼

```
vend_id       num_prods
-----------   ---------------
BRS01         3
DLL01         4
FNG01         2
```

☑️ 설명 ▼

이 SELECT 문은 vend_id, num_prods라는 두 개의 열을 보여준다. vend_id는 제품 판매처의 ID이고, num_prods는 COUNT(*) 함수를 사용하여 생성된 계산 필드이다. GROUP BY 절은 DBMS에게 vend_id로 그룹핑하고 데이터를 정렬하라고 명령한다. 이 절은 전체 테이블에 있는 데이터가 아니라 같은 vend_id가 나올 때마다 num_prods를 증가시킨다. 결과를 보면 판매처 BRS01은 3개의 제품을, DLL01은 4개, FNG01은 2개의 제품을 가지고 있다.

GROUP BY 절을 사용하면 자동으로 각 그룹에 대해 계산하기 때문에, 계산할 그룹을 따로 명시할 필요가 없다. GROUP BY 절은 DBMS에게 먼저 데이터를 그룹핑한 후, 각각의 그룹에 대해 계산하라고 지시한다.

GROUP BY 절을 사용하기 전에 먼저 알아두어야 할 중요한 규칙이 있다.

- GROUP BY 절에는 원하는 만큼의 열을 써서, 중첩(nested) 그룹을 만들 수 있다. 이 방식은 데이터를 그룹핑하는 방식을 좀 더 세밀하게 제어할 수 있게 해준다.
- GROUP BY 절에 중첩된 그룹이 있다면, 데이터는 마지막으로 지정된 그룹에서 요약된다. 즉, 지정된 열은 그룹핑할 때 같이 측정된다(그래서 각 열 단위로는 데이터를 얻지 못한다).
- GROUP BY 절에 있는 열은 가져오는 열이거나, 그룹 함수는 아니면서 유효한 수식이어야 한다. SELECT 절에서 수식을 사용한다면, GROUP BY 절에도 같은 수식을 사용해야 한다. 별칭은 사용할 수 없다.
- 대부분의 SQL 실행 환경에서는 GROUP BY 절에서 문자나 메모와 같은 가변형 길이의 데이터형은 사용할 수 없다.
- 그룹 함수 명령문을 제외하고 SELECT 절에 있는 모든 열은 GROUP BY 절에 존재해야 한다.
- 그룹핑하는 열의 행에 NULL 값이 있다면, NULL도 그룹으로 가져온다. 여러 행이 NULL 값을 가진다면, 모두 함께 그룹핑된다.
- GROUP BY 절은 WHERE 절 뒤에 그리고 ORDER BY 절 앞에 와야 한다.

> ♀ **ALL 절**
>
> Microsoft SQL Server와 같은 일부 SQL 실행 환경은 GROUP BY 절에서 ALL 절을 지원한다. 이 절은 모든 그룹을 반환하는 데 사용하는데, 심지어 검색 조건과 일치하지 않는 행도 모두 가져온다(이때 집곗값은 NULL로 반환된다). 여러분이 사용하는 DBMS가 ALL 절을 지원하는지 확인하려면 사용하는 DBMS의 매뉴얼을 살펴보기 바란다.

> **⚠ 열 위치로 지정하기**
>
> 일부 SQL 실행 환경에서는 SELECT 절에 있는 위치로 GROUP BY에 열을 지정할 수 있다. 예를 들어 GROUP BY 2, 1은 가져온 열 가운데 두 번째 열로 그룹핑하고, 그리고 다시 첫 번째 열로 그룹핑하라는 의미이다. 이 방식은 문법이 쉽다는 장점이 있지만 모든 SQL 실행 환경에서 지원되지는 않는다. 또한, SQL 문을 수정할 때 에러를 양산할 소지가 있다.

그룹 필터링

GROUP BY 절을 사용하여 데이터를 그룹핑하는 것뿐만 아니라, SQL은 어떤 그룹을 포함하고 어떤 그룹은 배제할 것인지 필터링도 가능하게 해준다. 예를 들어 최소 두 번 이상 주문한 고객 리스트를 원한다고 가정해보자. 이 데이터를 얻으려면, 개별적인 행이 아니라 그룹핑한 결과를 기반으로 필터링해야 한다.

우리는 이미 4장에서 WHERE 절의 필터링을 살펴본 적이 있다. 하지만 WHERE 절은 행을 필터링하기 때문에 그룹에서는 적용할 수가 없다. 실제로 WHERE 절은 그룹이 무엇인지 모른다. 그렇다면 WHERE 대신에 무엇을 사용할 수 있을까? SQL 문은 이에 HAVING이라는 절을 제공한다. HAVING 절은 WHERE 절과 매우 유사하다.

사실 여태까지 여러분이 배운 WHERE 절의 모든 유형은 HAVING 절에서도 사용할 수 있다. 단 한 가지 차이점은 WHERE 절이 행을 필터링하고, HAVING 절이 그룹을 필터링한다는 점이다.

> **💡 WHERE 연산자를 모두 지원하는 HAVING**
>
> 4장과 5장에서 WHERE 절 조건(와일드카드 조건과 여러 개의 연산자를 사용한 절 등)을 배웠다. WHERE 절에서 배운 기법과 옵션은 모두 HAVING 절에도 적용할 수 있다. 문법은 동일하지만, 키워드만 다를 뿐이다.

그렇다면 그룹은 어떻게 필터링할까? 다음 예제를 보자.

➡️ 입력 ▼　　　　　　　　　　　　　　　　　　　　　　　　　　　　　실습하기

```
SELECT cust_id, COUNT(*) AS orders
FROM Orders
GROUP BY cust_id
HAVING COUNT(*) >= 2;
```

➡️ 결과 ▼

```
cust_id        orders
------------   ------------
1000000001     2
```

☑️ 설명 ▼

이 SELECT 문에서 처음 세 줄은 이전에 나왔던 구문과 유사하다. 마지막 줄에 HAVING 절이 추가되었는데, COUNT(*) >= 2는 2개 이상을 주문한 그룹만 가져온다.

예제에서 보는 것처럼, WHERE 절은 쓸 수 없는데, 여기서는 특정 행의 값이 아니라 그룹핑된 집곗값으로 필터링하기 때문이다.

> **✏️ HAVING 절과 WHERE 절의 차이점**
>
> HAVING 절과 WHERE 절의 차이점을 알 수 있는 다른 방법이 있다. WHERE 절은 데이터가 그룹핑되기 전에 필터링하고, HAVING 절은 데이터가 그룹핑된 후에 필터링한다는 점이다. 이는 매우 중요한 차이점이다. WHERE 절에서 필터링 되어 제거된 행은 그룹에 포함되지 않는다. 이것은 계산된 값을 변화시킬 수 있는데, HAVING 절에서는 그룹이 그 변경된 값으로 필터링하기 때문에 필터링 결과에 영향을 줄 수 있다.

그렇다면 하나의 문장에 WHERE 절과 HAVING 절을 모두 사용할 필요가 있을까? 대답은 '그렇다'이다. 여러분이 앞의 명령문을 좀 더 필터링해서 지난 12개월 동안 두 번 이상 주문한 적이 있는 고객만을 뽑아내고 싶다고 가정해보자. 이 데이터를 추출하려면 WHERE 절로 지난 12개월 동안 주문했던 고객을 필터링하고, 그다음 HAVING 절을 이용하여 결과에서 두 번 이상 주문한 고객을 필터링하면 된다.

다른 예제를 보면 좀 더 이해하기 쉬울 것이다. 다음 예제에서는 가격이 4달러 이상인 제품을 두 개 이상 가진 판매처를 가져온다.

➡️ 입력 ▼　　　　　　　　　　　　　　　　　　　　　　　　　　　　　　　　[실습하기]

```
SELECT vend_id, COUNT(*) AS num_prods
FROM Products
WHERE prod_price >= 4
GROUP BY vend_id
HAVING COUNT(*) >= 2;
```

➡️ 결과 ▼

```
vend_id        num_prods
-----------    -----------
BRS01          3
FNG01          2
```

☑️ 설명 ▼

첫 번째 줄은 여태까지 많이 봐온 그룹 함수를 사용한 기본적인 SELECT 문이다. WHERE 절은 prod_price가 4 이상인 행을 가져온다. 그 후 vend_id로 그룹핑하고, HAVING 절을 이용하여 두 개 이상인 그룹을 필터링한다.

WHERE 절이 없다면 아래에서 보는 것처럼 좀 더 많은 행이 검색될 수도 있다(판매처 DLL01은 가격이 4 이하인 제품을 네 개 판매한다).

➡️ 입력 ▼　　　　　　　　　　　　　　　　　　　　　　　　　　　　　　　　[실습하기]

```
SELECT vend_id, COUNT(*) AS num_prods
FROM Products
GROUP BY vend_id
HAVING COUNT(*) >= 2;
```

➡️ 결과 ▼

```
vend_id        num_prods
----------     ----------
BRS01          3
DLL01          4
FNG01          2
```

> ✏️ **HAVING 절과 WHERE 절의 사용**
>
> HAVING 절과 WHERE 절은 매우 유사하므로 대다수 DBMS에서 GROUP BY가 명시되지
> 않는다면 똑같이 처리한다. 그렇더라도 여러분 스스로 구별하여 사용하는 것이 좋다.
> GROUP BY 절이 있을 때만 HAVING 절을 사용하고, 행 단위로 필터링할 때는 WHERE 절
> 을 사용하도록 하자.

그룹핑과 정렬

GROUP BY 절과 ORDER BY 절이 같은 결과를 가져온다고 할지라도, 이 둘은 매우
다르다는 것을 이해하는 것이 중요하다. 표 10-1에서 두 방식의 차이를 비교해
놓았다.

ORDER BY	GROUP BY
결과를 정렬한다.	행을 그룹핑한다. 결과는 그룹 순서대로 출력되지 않을 수 있다.
어떤 열이라도 (가져오지 않은 열도) 사용할 수 있다.	선택된 열이나 수식만 사용할 수 있고 선택된 열이나 수식을 꼭 사용해야 한다.
필수 항목은 아니다.	그룹 함수와 함께 사용하는 열(또는 수식)이 있는 경우 필수 항목이다.

표 10-1 ORDER BY와 GROUP BY 비교

표 10-1에 있는 첫 번째 항목은 매우 중요하다. 여러분은 GROUP BY 절을 사용해
서 데이터를 그룹핑했을 때, 결과가 그룹 순서대로 정렬된 것을 볼 수 있을 것
이다. 하지만 항상 그룹 순서대로 정렬되는 것도 아니고, 실제로 SQL 규격에
의한 필수사항도 아니다. 더구나, 여러분이 사용하는 DBMS가 자동으로 정렬
해준다고 하더라도, 여러분이 원하는 정렬 순서가 아닐 수도 있다. 데이터를
어떤 방식으로 그룹핑했다고 해서 반드시 그 방식으로 정렬하기를 원하는 것
은 아니기 때문이다. GROUP BY 절과 완벽히 똑같다고 하더라도 되도록 ORDER BY
절을 사용해서 정렬하도록 하자.

> 💡 **ORDER BY를 잊지 말자!**
>
> GROUP BY 절을 사용할 때마다 ORDER BY 절을 명시해야 한다, 그렇게 해야 데이터가 제대로 정렬되었다고 확신할 수 있다. GROUP BY 절이 데이터를 정확히 정렬해 줄 것이라고 기대하지 말자.

GROUP BY 절과 ORDER BY 절을 모두 사용하는 예제를 살펴보자. SELECT 문은 이전에 나온 것과 유사하다. 세 개 이상의 제품을 주문한 경우, 주문 번호와 주문 수량을 가져온다.

➡ 입력 ▼　　　　　　　　　　　　　　　　　　　　　　　　　　　　실습하기

```
SELECT order_num, COUNT(*) AS items
FROM OrderItems
GROUP BY order_num
HAVING COUNT(*) >= 3;
```

➡ 결과 ▼

```
order_num       items
--------------  -----------
20006           3
20007           5
20008           5
20009           3
```

항목 수로 정렬하려면, 다음과 같이 ORDER BY 절만 덧붙이면 된다.

➡ 입력 ▼　　　　　　　　　　　　　　　　　　　　　　　　　　　　실습하기

```
SELECT order_num, COUNT(*) AS items
FROM OrderItems
GROUP BY order_num
HAVING COUNT(*) >= 3
ORDER BY items, order_num;
```

➡ 결과 ▼

```
order_num       items
--------------  -----------
```

20006	3
20009	3
20007	5
20008	5

☑ 설명 ▼

이 예제에서는 주문 번호(order_num)로 데이터를 그룹핑하기 위해 GROUP BY 절을 사용하였고, 그래서 COUNT(*) 함수가 각 주문 항목에 대한 수를 반환할 수 있다. HAVING 절로는 세 개 이상의 제품을 주문한 내역만 필터링하였고, 결과는 ORDER BY 절을 사용하여 정렬되었다.

SELECT 문 순서

SELECT 문에 여러 개의 절이 있을 때 순서를 어떻게 정해야 할까? 표 10-2에 우리가 여태까지 배워왔던 절을 모두 나열하였다. SELECT 문을 사용할 때는 이 순서대로 써야 한다는 것을 기억하자.

절	설명	필수
SELECT	가져올 열이나 수식	Yes
FROM	데이터를 가져올 테이블	테이블에서 데이터를 가져올 때 사용한다.
WHERE	행 레벨 필터링	No
GROUP BY	그룹 지정	그룹핑한 데이터로 집계 계산을 할 때 사용한다.
HAVING	그룹 레벨 필터링	No
ORDER BY	정렬 순서	No

표 10-2 SELECT 문과 순서

정리해보자!

9장에서는 데이터에 대한 요약 계산을 수행하기 위한 SQL 그룹 함수를 사용하는 방법을 배웠다. 이번 장에서는 GROUP BY를 사용해서 데이터를 그룹핑하고, 그룹핑한 데이터로 계산을 수행해 그룹별로 결과를 가져오는 것을 학습했다. 또한, 그룹을 필터링하기 위해 HAVING 절을 사용하는 방법과 ORDER BY 절과 GROUP BY 절의 차이, WHERE 절과 HAVING 절의 차이도 살펴보았다.

도전 과제

1. OrderItems 테이블은 각각의 주문에 대한 개별 항목을 포함하고 있다. 주문 번호(order_num)에 해당하는 줄 수를 order_lines라고 표시하고, 결과를 order_lines로 정렬하는 SQL 문을 작성하라.

2. Products 테이블에 있는 prod_price를 사용하여, 각 판매처에서 취급하는 가장 저렴한 항목을 cheapest_item이라고 이름 짓고 가격순(최저가에서 최고가)으로 정렬하는 SQL 문을 작성하라.

3. 최고의 고객을 식별하는 게 중요하므로 100개 이상의 항목을 주문한 주문 번호(OrderItems 테이블의 order_num 이용)를 가져오는 SQL 문을 작성하라.

4. 얼마만큼 비용을 지출했는지가 최고의 고객을 판단하는 또 다른 방법이다. 주문액의 합이 1000 이상인 모든 주문의 주문 번호(OrderItems 테이블의 order_num)를 가져와 주문 번호로 정렬하는 SQL 문을 작성하라. 이를 해결하려면 item_price와 수량을 곱한 값을 모두 합해야 한다.

5. 다음 SQL 문은 무엇이 잘못되었는가? (실행하지 말고 바로 알아내 보자.)

```
SELECT order_num, COUNT(*) AS items
FROM OrderItems
GROUP BY items
HAVING COUNT(*) >= 3
ORDER BY items, order_num;
```

11장

서브쿼리 사용하기

이 장에서는 서브쿼리가 무엇이고 어떻게 사용할 수 있는지 학습한다.

서브쿼리 이해하기

SELECT 문은 SQL 쿼리 중 하나이다. 여태까지 우리가 사용했던 모든 SELECT 문은 매우 간단한 쿼리문으로, 개별 데이터베이스 테이블에서 데이터를 가져오는 단일 명령문이었다.

> **㋚ 쿼리**
>
> 모든 SQL 명령문. 하지만 쿼리라는 용어는 보통 SELECT 문을 지칭할 때 사용한다.

SQL 문을 이용하여 서브쿼리를 만들 수 있다. 서브쿼리는 쿼리 안에 있는 쿼리이다. 그렇다면 왜 서브쿼리가 필요한 것일까? 이해를 돕기 위해 몇 가지 예제를 살펴보자.

서브쿼리로 필터링하기

여태까지 배웠던 모든 장에서 사용했던 데이터베이스 테이블은 관계형 테이블이다(부록 A에서 테이블과 각각의 관계를 설명한다). 앞으로 살펴볼 예제에서 주문은 2개의 테이블에 저장하는데, 하나는 Orders 테이블로 한 행에 주문 번호, 고객 ID, 주문 날짜가 저장된다. 각 주문에 대한 상세 정보는 OrderItems라는 테이블에 저장된다. Orders 테이블에는 고객 정보를 저장하지 않고, 고객 ID만 있는데, 실제 고객 정보는 Customers 테이블에 저장한다.

여러분이 RGAN01이라는 제품을 구매한 고객의 목록을 원한다고 가정해보자. 이 정보를 가져오려면 다음 순서대로 진행해야 한다.

- RGAN01을 주문한 주문 번호를 가져온다.
- 이전 단계에서 가져온 주문 번호로 고객 ID를 가져온다.
- 이전 단계에서 가져온 고객 ID로 고객의 상세 정보를 가져온다.

이 세 단계는 별도의 쿼리로 수행할 수 있지만, 그렇게 하면 첫 SELECT 문에서 가져온 결과를 두 번째 SELECT 문의 WHERE 절에서 사용해야 하고, 두 번째 SELECT 문에서 가져온 결과를 세 번째 SELECT 문의 WHERE 절에서 각각 사용해야 한다. 이때 서브쿼리를 이용하면, 이 세 개의 쿼리를 합쳐서 하나의 문장으로 만들 수 있다.

첫 번째 SELECT 문은 설명이 필요 없을 정도로 간단하다. 일단 주문 내역에서 제품 ID가 RGAN01인 주문 번호 열을 가져온다. 이제 제품을 주문한 내역 두 개가 결과로 나타난다.

⤵ 입력▼　　　　　　　　　　　　　　　　　　　　　　　　　　　실습하기

```
SELECT order_num
FROM OrderItems
WHERE prod_id = 'RGAN01';
```

➡ 결과▼

```
order_num
------------
20007
20008
```

원하는 제품의 주문 번호를 알았으니, 다음 단계는 주문 번호(20007, 20008)
와 관련 있는 고객 ID를 가져오는 것이다. 5장에서 배웠던 IN 절을 사용하여
SELECT 문을 다음과 같이 만들 수 있다.

➡️ 입력 ▼　　　　　　　　　　　　　　　　　　　　　　　　　　　　　　　　실습하기

```
SELECT cust_id
FROM Orders
WHERE order_num IN (20007, 20008);
```

➡️ 결과 ▼

```
cust_id
-------------------
1000000004
1000000005
```

이번에는 다음 SELECT 문처럼 주문 번호를 가져오는 첫 번째 쿼리를 서브쿼리
로 만들어 두 개의 쿼리를 합쳐보자.

➡️ 입력 ▼　　　　　　　　　　　　　　　　　　　　　　　　　　　　　　　　실습하기

```
SELECT cust_id
FROM Orders
WHERE order_num IN (SELECT order_num
                    FROM OrderItems
                    WHERE prod_id = 'RGAN01');
```

➡️ 결과 ▼

```
cust_id
-----------------------
1000000004
1000000005
```

☑️ 설명 ▼

서브쿼리는 항상 안에 있는 쿼리를 먼저 처리하고, 그다음 바깥쪽에 있는 쿼리를 처리한다. 위
의 SELECT 문을 처리할 때, DBMS는 실제로 두 번의 작업을 수행한다. 일단 첫 번째 서브쿼리
를 수행한다.

```
SELECT order_num FROM OrderItems WHERE prod_id = 'RGAN01'
```

이 쿼리는 20007과 20008이라는 두 개의 주문 번호를 반환한다. 이 두 개의 값을 바깥에 있는 쿼리의 WHERE 절로 전달한다. 각각의 값은 IN 연산자를 사용할 때처럼 콤마로 구분되어 전달된다.

```
SELECT cust_id FROM Orders WHERE order_num IN (20007, 20008)
```

보는 것처럼, 결과는 이전에 직접 WHERE 절에 입력한 것과 똑같다.

> ### ♀ SQL 서식
>
> 서브쿼리를 갖는 **SELECT** 문은 읽거나 디버깅(코드 에러를 수정하는 작업)하기가 쉽지 않다. **SELECT** 문이 복잡할 때는 더 그렇기 때문에 쿼리를 여러 개의 줄로 나눠서 적고 각 쿼리에 맞춰 적절히 들여쓰기하면, 서브쿼리를 작성한 코드도 한결 보기 편하다.

이제 여러분은 RGAN01을 주문한 모든 고객 ID를 알고 있다. 다음 단계는 고객 ID로 각 고객의 정보를 가져오는 것이다. 두 개의 열을 가져오기 위한 SQL 문은 다음과 같다.

⇲ 입력 ▼　　　　　　　　　　　　　　　　　　　　　　　　실습하기

```
SELECT cust_name, cust_contact
FROM Customers
WHERE cust_id IN (1000000004, 1000000005);
```

고객 ID를 직접 입력하지 않고 서브쿼리를 이용하려면, WHERE 절을 다음과 같이 바꾸면 된다.

⇲ 입력 ▼　　　　　　　　　　　　　　　　　　　　　　　　실습하기

```
SELECT cust_name, cust_contact
FROM Customers
WHERE cust_id IN (SELECT cust_id
                  FROM Orders
                  WHERE order_num IN (SELECT order_num
                                      FROM OrderItems
                                      WHERE prod_id = 'RGAN01'));
```

⊳ 결과 ▼

```
cust_name              cust_contact
--------------------   --------------------
Fun4All                Denise L. Stephens
The Toy Store          Kim Howard
```

☑ 설명 ▼

이 SELECT 문을 실행하기 위해 DBMS는 실제로는 세 개의 SELECT 문을 수행한다. 가장 안쪽에 있는 서브쿼리에서는 주문 번호를 가져오고, 가져온 주문 번호는 그 바깥쪽에 있는 서브쿼리의 WHERE 절에 사용된다. 두 번째 서브쿼리는 고객 ID를 가져오고, 이 고객 ID는 가장 바깥쪽에 있는 쿼리의 WHERE 절에 사용된다. 가장 바깥쪽에 있는 쿼리가 실제 원하는 데이터를 가져온다.

예제에서 보는 것처럼 WHERE 절에 서브쿼리를 사용하면 매우 강력하고 유연한 SQL 문을 작성할 수 있다. 사용할 수 있는 서브쿼리의 수에는 제한이 없지만, 너무 많은 서브쿼리를 사용하면 성능이 저하될 수 있다는 점에 주의하자.

> **⚠ 하나의 열만**
>
> 서브쿼리는 하나의 열만 검색할 수 있다. 여러 개의 열을 서브쿼리로 검색하면 에러가 발생한다.
>
> **⚠ 서브쿼리냐 성능이냐?**
>
> 여기서 사용한 서브쿼리는 잘 동작하며, 원하는 데이터를 가져오지만 서브쿼리를 사용하는 것이 항상 효율적인 것은 아니다. 이는 12장에서 추가로 설명할 것이다.

계산 필드로 서브쿼리 사용하기

서브쿼리를 사용하는 또 다른 방법은 계산 필드를 생성하는 것이다. 주문 수량을 Customers 테이블에 있는 고객별로 보고 싶다고 가정해보자. Orders 테이블에는 주문 정보와 고객 ID가 함께 저장되어 있다. 이 정보를 가져오려면, 다음 순서대로 진행해야 한다.

1. Customers 테이블에서 고객 목록을 가져온다.
2. Orders 테이블에서 각각의 고객이 주문한 수를 센다.

앞선 두 개의 장에서 배운 대로 테이블에서 행의 수를 세기 위해 SELECT COUNT(*)를 사용할 수 있고, WHERE 절에서는 고객 ID로 필터링하여 고객별로 주문량을 계산할 수 있다. 다음은 ID가 1000000001인 고객이 주문한 수를 세기 위한 예제이다.

➡ 입력 ▼

```
SELECT COUNT(*) AS orders
FROM Orders
WHERE cust_id = 1000000001;
```

고객별로 주문한 수량을 계산하기 위해 COUNT(*)를 서브쿼리로 사용해보자.

➡ 입력 ▼   실습하기

```
SELECT cust_name,
       cust_state,
       (SELECT COUNT(*)
        FROM Orders
        WHERE Orders.cust_id = Customers.cust_id) AS orders
FROM Customers
ORDER BY cust_name;
```

➡ 결과 ▼

```
cust_name       cust_state    orders
-------------   -----------   -----------
Fun4All         IN            1
Fun4All         AZ            1
Kids Place      OH            0
The Toy Store   IL            1
Village Toys    MI            2
```

☑ 설명 ▼

이 SELECT 문은 Customers 테이블에서 고객 이름, 주소(여기서는 미국의 행정구역인 주를 의미), 주문 수량을 가져온다. orders는 괄호로 묶인 서브쿼리에 의해 구해진 계산 필드이다. 이 예제에서는 서브쿼리가 다섯 번 수행되는데, 그 이유는 다섯 명의 고객이 반환되었기 때문이다.

서브쿼리에 있는 WHERE 절은 이전에 사용된 WHERE 절과는 조금 다르다. 이전에는 열 이름(cust_id)만 적었는데, 이 문장에서는 Orders.cust_id나 Customers.cust_id와 같이 테이블과 열 이름을 모두 명시하는 완전한 열 이름(Fully Qualified Column Name)을 사용하였다. 다음 WHERE 절은 Orders 테이블에 있는 cust_id와 Customers 테이블의 cust_id 정보가 일치하는지 비교한다.

```
WHERE Orders.cust_id = Customers.cust_id
```

열 이름이 모호할 때마다 테이블 이름과 열 이름을 마침표(.)로 구분하여 적는 문법을 사용한다.

　다음 예제에서 두 개의 cust_id 열이 있는데, 하나는 Customers 테이블에 있는 열이고, 또 하나는 Orders 테이블에 있는 열이다. 완전한 열 이름을 사용하지 않으면, DBMS는 Orders 테이블에 있는 cust_id와 비교한다.

```
SELECT COUNT(*) FROM Orders WHERE cust_id = cust_id
```

위 문장은 Orders 테이블에 있는 주문의 총수량을 가져오는데, 이는 우리가 원하는 결과가 아니다.

➡ 입력 ▼　　　　　　　　　　　　　　　　　　　　　　　　　　　　　　실습하기

```
SELECT cust_name,
       cust_state,
       (SELECT COUNT(*)
        FROM Orders
        WHERE cust_id = cust_id) AS orders
FROM Customers
ORDER BY cust_name;
```

➡ 결과 ▼

```
cust_name       cust_state    orders
--------------  ------------  -------------
Fun4All         IN            5
Fun4All         AZ            5
Kids Place      OH            5
The Toy Store   IL            5
Village Toys    MI            5
```

이런 SELECT 문을 작성할 때는 서브쿼리가 매우 유용하지만, 이 경우 열 이름이 여러 가지로 해석될 가능성이 있으므로 분명하게 작성하도록 하자.

> ⚠ **완전한 열 이름(Fully Qualified Column Name)**
>
> 앞서 완전한 열 이름을 사용하는 중요한 이유를 보았다. DBMS가 여러분의 의도를 제대로 해석하지 못해 잘못된 결과를 가져올 수도 있고, 가끔은 열 이름이 중복되어 실제로 DBMS가 에러를 내는 경우도 있다. 예를 들어 WHERE 절이나 ORDER BY 절에서 지정한 열이 여러 테이블에 존재하는 경우 에러가 발생한다. SELECT 문에서 두 개 이상의 테이블을 사용한다면 완전한 열 이름을 사용하는 것이 모호함을 피하는 좋은 방법이다.
>
> 💡 **서브쿼리가 항상 최선의 선택은 아니다.**
>
> 이 장의 예제 코드는 설명한 것처럼 동작하지만, 이런 식의 데이터 검색이 가장 효율적인 것은 아니다. 다음 장에서는 조인을 배우는데, 같은 예제를 다른 방식으로 쓰는 방법을 학습할 것이다.

정리해보자!

이번 장에서는 서브쿼리가 무엇이고 어떻게 사용하는지 배웠다. 서브쿼리는 WHERE 절과 IN 절에서 가장 많이 사용되고, 계산 필드를 구하기 위해서도 사용된다. 이 두 가지 유형의 예제를 모두 살펴보았다.

도전 과제 〔실습하기〕

1. 서브쿼리를 사용하여 10 또는 그 이상의 가격으로 제품을 구매한 고객 목록을 반환하라. OrderItems 테이블에서 조건에 맞는 주문 번호(order_num)를 가져온 다음, Orders 테이블에서 주문 번호와 일치하는 주문에 대한 고객 ID(cust_id)를 검색한다.

2. BR01 제품이 주문된 날짜를 알아야 한다. 서브쿼리를 이용하여 OrderItems에서 prod_id가 BR01인 주문 항목을 확인한다. 그리고 Orders 테이블에서

각각의 고객 ID(cust_id)와 주문 날짜(order_date)를 가져온 다음 결과를
주문 날짜로 정렬하는 SQL 문을 작성하라.

3. 조금 더 도전해 보자. 2번을 수정하여 prod_id가 BR01을 구매한 모든 고객
   의 이메일 주소(Customers 테이블에서 cust_email)를 가져오자. 가장 안쪽
   에 있는 쿼리는 OrderItems에서 order_num을 반환하고 중간에 있는 쿼리는
   Customer 테이블에서 cust_id를 반환하는 SELECT 문이 포함된다.

4. 고객 ID 목록과 각각의 고객이 주문한 수량이 필요하다. 고객 ID(Orders 테
   이블에서 cust_id)와 서브쿼리를 사용하여 각각의 고객에 대한 총주문량을
   total_ordered로 가져오는 SQL 문을 작성하라. 그 결과를 가장 큰 수부터
   적은 순서대로 정렬하라. 이전에는 주문 합계를 계산하기 위해 SUM( )을 썼
   다는 점을 기억하자.

5. Products 테이블에서 모든 제품명(prod_name)과 quant_sold를 가져오는
   SQL 문을 작성하라. 여기서 quant_sold는 판매된 항목의 총수량이 담긴
   계산 필드다(OrderItems 테이블에서 서브쿼리와 SUM(quantity)를 이용해
   검색).

12장

테이블 조인

이 장에서는 조인이 무엇이고 어떻게 사용할 수 있는지와 조인을 사용하여 SELECT 문을 만드는 방법을 알아본다.

조인 이해하기

SQL의 유용한 기능 가운데 하나는 데이터 검색 쿼리에서 바로 테이블 조인이 가능하다는 점이다. 조인은 SQL SELECT 문을 사용하여 수행할 수 있는데, SQL 을 학습할 때 조인과 조인 문법을 잘 이해하는 것은 아주 중요하다.

　조인을 효과적으로 사용하려면, 먼저 관계형 테이블과 관계형 데이터베이스 디자인을 이해해야 한다. 이제부터는 그 주제에 대해 간략히 설명할 것인데, 모든 내용을 다 다루지는 못하지만, 기본 개념을 이해하는 데는 충분할 것이다.

관계형 테이블 이해하기

관계형 테이블을 이해하기 가장 좋은 방법은 지금까지 사용한 데이터를 기반으로 한 실제 예를 보는 것이다.

　제품 목록을 저장하는 데이터베이스 테이블이 있다고 가정하고, 하나의 행마다 제품을 저장한다. 여러분이 저장하기를 원하는 정보는 제품에 대한 설명,

가격, 제품을 생산하는 판매처 정보이다.

이제 한 판매처에서 여러 개의 제품을 만들었다고 가정한다. 회사명, 주소, 담당자 정보 등의 판매처 정보는 어디에 저장해야 할까? 이때 여러분은 다음과 같은 이유로 이 데이터를 제품 정보와 함께 저장하지 않을 것이다.

- 한 회사가 다수의 제품을 생산한 경우, 같은 판매처 정보를 제품마다 반복해서 저장하는 것은 저장 공간과 시간의 낭비이다.
- 만약 판매처 정보가 변경되면(예를 들어 회사가 이사하거나 연락처 정보가 변경된 경우), 모든 판매처 정보를 업데이트해야 한다.
- 데이터가 반복되면(제품마다 판매처 정보를 사용하면), 데이터가 매번 정확히 같은 방식으로 삽입되지 않을 가능성이 커진다. 불일치한 데이터는 보고하는 데 사용하기 어렵다.

여기서 중요한 점은 같은 데이터를 여러 곳에 저장하는 것은 분명 좋은 일이 아니라는 것이고, 이는 관계형 데이터베이스 디자인의 기본 원리이다. 관계형 테이블은 정보를 쪼개 여러 개의 테이블에 저장하도록 설계되었다. 테이블은 공통 열을 통해 연결된다.

예제로 다시 돌아가 보자. 여러분은 두 개의 테이블을 생성해 하나의 테이블에는 판매처 정보를, 그리고 또 다른 테이블에는 제품 정보를 저장할 수 있다. Vendors 테이블에는 판매처 정보를 저장하는데, 하나의 행마다 하나의 판매처 정보를 넣는다. 각 행은 판매처를 구별할 수 있는 고유한 식별자를 갖는다. 이런 값을 기본 키(primary key)라고 부른다. 여기에서는 판매처 ID를 기본 키로 사용할 수도 있고, 고유한 값이라면 뭐든지 기본 키로 사용할 수 있다.

Products 테이블은 Vendors 테이블의 기본 키인 판매처 ID를 제외하고는 판매처에 대한 정보는 갖지 않고, 오직 제품 정보만을 저장한다. 판매처 ID는 Vendors 테이블과 Products 테이블을 연결하는데, 이 키를 이용해 Vendors 테이블에서 판매처 정보를 찾을 수 있다. 그럼 이렇게 사용해서 얻는 이득은 무엇일까? 다음 내용을 생각해보자.

- 판매처 정보가 절대 반복되지 않기 때문에 시간과 공간이 낭비되지 않는다.

- 판매처 정보가 변경되더라도 Vendors 테이블에 있는 하나의 행만 업데이트 하면 된다. 관련된 테이블에 있는 데이터는 변경되지 않는다.
- 데이터가 반복되지 않기 때문에 사용한 데이터는 늘 일관성을 갖는다. 그렇기 때문에 데이터 보고와 조작이 더 간단해진다.

중요한 것은 관계형 데이터는 효율적으로 저장되고 쉽게 조작할 수 있다는 점이다. 이 때문에 관계형 데이터베이스가 비관계형 데이터베이스보다 확장성(scale)이 훨씬 좋다.

> 🔠 **확장성**
>
> 증가하는 양의 데이터를 적절히 처리하는 것. 잘 설계된 데이터베이스나 응용 프로그램은 확장성이 좋다고 말한다.

왜 조인을 사용할까?

방금 설명한 대로 데이터를 여러 개의 테이블로 나누어 저장하면 저장 공간 측면에서 더 효율적이고, 데이터 조작이 쉬워지며 확장성이 높아진다.

그럼 데이터가 여러 개의 테이블에 저장된 경우 어떻게 하나의 SELECT 문으로 원하는 데이터를 가져올 수 있을까?

이를 해결하는 방법으로 조인을 사용하는 것이다. 간단히 말해서 조인은 SELECT 문 안에서 테이블을 연결할 때 사용하는 메커니즘이다. 특별한 문법을 사용해서 여러 개의 테이블을 조인하면, 하나의 결과를 가져올 수 있다. 조인은 각 테이블에서 적절한 행을 서로 연결하는 역할을 한다.

> 💡 **대화형 DBMS 도구 사용하기**
>
> 조인이 물리적인 객체(entity)가 아니라는 것을 이해해야 한다. 즉, 조인은 데이터베이스 테이블에는 실제로 존재하지 않는다는 의미이다. 조인은 DBMS에서 필요할 때 생성하고, 쿼리가 수행되는 동안에만 유지된다.
>
> 많은 DBMS가 테이블 관계를 쉽게 정의할 수 있도록 그래픽 인터페이스를 제공한다. 이

도구는 참조 무결성을 유지하는 데 유용한 도움을 준다. 관계형 테이블에서는 유효한 데이터만이 관계형 열에 삽입될 수 있다는 점이 중요하다. 예제를 보면, 유효하지 않은 판매처 ID가 Products 테이블에 저장된 경우, 그 제품에는 연결된 판매처가 없어서 접근할 수 없다. 이를 방지하기 위해 데이터베이스는 Vendors 테이블에 있는 판매처 ID만 Products 테이블에 저장하도록 허용한다. 참조 무결성은 DBMS가 데이터 무결성 규칙을 따른다는 것을 의미한다. 보통 DBMS에서 제공하는 인터페이스를 통해 이런 규칙을 관리할 수 있다.

조인 생성하기

조인을 생성하는 것은 매우 간단하다. 포함하려는 모든 테이블과 각 테이블 사이의 관계를 명시하면 된다. 다음 예제를 보자.

➡️ 입력 ▼　　　　　　　　　　　　　　　　　　　　　　　　　실습하기

```
SELECT vend_name, prod_name, prod_price
FROM Vendors, Products
WHERE Vendors.vend_id = Products.vend_id;
```

📥 결과 ▼

```
vend_name              prod_name              prod_price
---------------------  ---------------------  ---------------------
Doll House Inc.        Fish bean bag toy      3.4900
Doll House Inc.        Bird bean bag toy      3.4900
Doll House Inc.        Rabbit bean bag toy    3.4900
Bears R Us             8 inch teddy bear      5.9900
Bears R Us             12 inch teddy bear     8.9900
Bears R Us             18 inch teddy bear     11.9900
Doll House Inc.        Raggedy Ann            4.9900
Fun and Games          King doll              9.4900
Fun and Games          Queen doll             9.4900
```

☑️ 설명 ▼

위 코드를 살펴보면, SELECT 문이 앞서 살펴본 방식으로 가져오려는 열을 명시하면서 시작한다. 앞에서 배운 것과 다른 점은 명시된 열 가운데 두 개(prod_name, prod_price)는 같은 테이블에 있고, 다른 하나(vend_name)는 다른 테이블에 있다는 점이다.

이제 FROM 절을 보자. 이전 SELECT 문과는 달리 이 쿼리에는 Vendors와 Products라는 두 개의 테이블이 있다. 두 테이블은 SELECT 문에서 조인한 테이블 이름이다. WHERE 절에서 Vendors에 있는 vend_id와 Products 테이블에 있는 vend_id를 매치시키기 때문에 이 두 테이블이 조인된다.

열 이름은 Vendors.vend_id, Products.vend_id라고 적은 것을 볼 수 있는데, 이런 쿼리에서는 완전한 열 이름을 써야 한다. 왜냐하면 그냥 vend_id라고만 적으면, DBMS는 두 테이블 중 어디에서 vend_id를 참조해야 하는지 구분하지 못하기 때문이다. 결과에서 보듯이, 이 SELECT 문은 두 개의 테이블에서 데이터를 가져온다.

> ### ⚠ 완전한 열 이름
>
> 이전 장에서도 설명한 것처럼, 참고하는 열을 해석할 때 오해의 소지가 있는 경우, 테이블 이름과 열 이름을 마침표로 구분하여 모두 적어주는 완전한 열 이름을 사용해야 한다. 대부분의 DBMS는 모호한 쿼리인 경우에 완전한 열 이름을 쓰지 않으면 에러가 발생한다.

WHERE 절의 중요성

조인 관계를 설정하기 위해 WHERE 절을 이용하는 게 이상해 보일 수도 있지만, 사실 여기에는 납득할 만한 이유가 있다. SELECT 문에서 테이블을 조인할 때, 관계가 그 즉시 생긴다는 것을 상기해보자. 데이터베이스 테이블의 정의에는 테이블을 어떻게 조인할지에 대한 내용이 아무것도 없기 때문에 여러분 스스로 정해야 한다. 두 개의 테이블을 조인할 때, 할 일은 첫 번째 테이블의 행과 두 번째 테이블을 행으로 짝을 짓는 것이다. WHERE 절은 필터로 동작해 지정한 조건과 일치하는 행만 가져온다. WHERE 절이 없다면 논리적으로 맞는지와 관계없이, 첫 번째 테이블에 있는 모든 행은 두 번째 테이블에 있는 모든 행과 짝이 된다.

> ### 🔲 카티전 곱(Cartesian Product)
>
> 조인 조건 없이 테이블 관계에 의해 반환된 결과. 검색된 행의 수는 첫 번째 테이블의 행 수와 두 번째 테이블의 행 수를 곱한 값이다. 카티전 곱은 두 개 이상의 테이블에서 연결

가능한 행을 모두 결합하는 조인 방법으로 WHERE 절에서 조인 조건절을 생략하거나 조인 조건을 잘못 설정해 양쪽 테이블을 연결하는 조건이 하나도 없는 경우에 발생한다.

이해를 돕기 위해 다음 SELECT 문의 결과를 보자.

⟳ 입력▼　　　　　　　　　　　　　　　　　　　　　　　　　　　　　　　　실습하기

```
SELECT vend_name, prod_name, prod_price
FROM Vendors, Products;
```

⟳ 결과▼

```
vend_name            prod_name            prod_price
-------------------  -------------------  -------------------
Bears R Us           8 inch teddy bear    5.99
Bears R Us           12 inch teddy bear   8.99
Bears R Us           18 inch teddy bear   11.99
Bears R Us           Fish bean bag toy    3.49
Bears R Us           Bird bean bag toy    3.49
Bears R Us           Rabbit bean bag toy  3.49
Bears R Us           Raggedy Ann          4.99
Bears R Us           King doll            9.49
Bears R Us           Queen doll           9.49
Bear Emporium        8 inch teddy bear    5.99
Bear Emporium        12 inch teddy bear   8.99
Bear Emporium        18 inch teddy bear   11.99
Bear Emporium        Fish bean bag toy    3.49
Bear Emporium        Bird bean bag toy    3.49
Bear Emporium        Rabbit bean bag toy  3.49
Bear Emporium        Raggedy Ann          4.99
Bear Emporium        King doll            9.49
Bear Emporium        Queen doll           9.49
Doll House Inc.      8 inch teddy bear    5.99
Doll House Inc.      12 inch teddy bear   8.99
Doll House Inc.      18 inch teddy bear   11.99
Doll House Inc.      Fish bean bag toy    3.49
Doll House Inc.      Bird bean bag toy    3.49
Doll House Inc.      Rabbit bean bag toy  3.49
Doll House Inc.      Raggedy Ann          4.99
Doll House Inc.      King doll            9.49
Doll House Inc.      Queen doll           9.49
```

Furball Inc.	8 inch teddy bear	5.99
Furball Inc.	12 inch teddy bear	8.99
Furball Inc.	18 inch teddy bear	11.99
Furball Inc.	Fish bean bag toy	3.49
Furball Inc.	Bird bean bag toy	3.49
Furball Inc.	Rabbit bean bag toy	3.49
Furball Inc.	Raggedy Ann	4.99
Furball Inc.	King doll	9.49
Furball Inc.	Queen doll	9.49
Fun and Games	8 inch teddy bear	5.99
Fun and Games	12 inch teddy bear	8.99
Fun and Games	18 inch teddy bear	11.99
Fun and Games	Fish bean bag toy	3.49
Fun and Games	Bird bean bag toy	3.49
Fun and Games	Rabbit bean bag toy	3.49
Fun and Games	Raggedy Ann	4.99
Fun and Games	King doll	9.49
Fun and Games	Queen doll	9.49
Jouets et ours	8 inch teddy bear	5.99
Jouets et ours	12 inch teddy bear	8.99
Jouets et ours	18 inch teddy bear	11.99
Jouets et ours	Fish bean bag toy	3.49
Jouets et ours	Bird bean bag toy	3.49
Jouets et ours	Rabbit bean bag toy	3.49
Jouets et ours	Raggedy Ann	4.99
Jouets et ours	King doll	9.49
Jouets et ours	Queen doll	9.49

☑ 설명 ▼

출력된 결과에서 볼 수 있는 것처럼 카티전 곱을 원하는 경우는 매우 드물다. 이 결과는 모든 판매처와 모든 제품을 연결해 가져오는데, 판매처가 일치하지 않는 것은 물론 심지어 제품이 없는 판매처도 가져온다.

⚠ **WHERE 절을 잊지 말자!**

조인을 사용할 때 WHERE 절이 있는지 꼭 확인하자. 그렇지 않으면 DBMS는 여러분이 원하는 것보다 훨씬 많은 데이터를 가져올 수 있다. 그리고 WHERE 절이 올바른지도 항상 확인하자. 잘못된 필터 조건은 DBMS가 엉뚱한 데이터를 가져오게 하는 원인이 된다. 대용량 테이블에서는 조인 조건절을 생략하여 카티전 곱이 발생한 경우, SQL 명령문의 처리 속도가 현저히 저하되므로 주의해야 한다.

> ♀ **상호 조인**
>
> 카티전 곱을 반환하는 조인 타입을 상호 조인(Cross Join)이라고 부르기도 한다.

내부 조인

우리가 여태까지 사용한 조인은 동등 조인 혹은 이퀴 조인(Equi-Join)이라고 하는데, 이 조인은 두 개의 테이블에 있는 공통 열의 값이 같은 것을 결과로 가져온다. 이런 종류의 조인을 내부 조인(Inner Join)이라고도 부른다. 조인 타입을 표시할 때는 이전과 조금 다른 문법을 사용해야 한다. 다음 SELECT 문은 이전의 예제와 같은 결과를 반환한다.

⤷ 입력 ▼   실습하기

```
SELECT vend_name, prod_name, prod_price
FROM Vendors INNER JOIN Products
  ON Vendors.vend_id = Products.vend_id;
```

☑ 설명 ▼

이 문장에서 SELECT 절은 이전의 SELECT 절과 같지만, FROM 절이 조금 다르다.
두 테이블 간의 관계를 FROM 절에서 INNER JOIN으로 명시했다. 이 문법을 사용할 때는
WHERE 절 대신에 ON 절을 사용하여 조인 조건을 지정한다. ON으로 전달하는 조건은 WHERE
절에서 전달하는 조건과 같은 것이다.

> ♀ **'올바른' 문법**
>
> ANSI SQL 규격에서는 이전에 사용한 간단한 동등 조인 문법보다는 내부 조인 문법을
> 권한다. DBMS가 두 개의 문법을 모두 지원하므로, 여러분이 어떤 문법을 쓸지 고민해보
> 고 좀 더 편하게 느껴지는 문법을 사용하기 바란다.

여러 개의 테이블 조인하기

SQL은 SELECT 문에서 조인할 수 있는 테이블의 수에 제한을 두지 않는다. 여러 개의 조인을 생성할 때도 기본 규칙은 같다. 먼저 조인할 모든 테이블을 적고,

그런 다음 테이블 간의 관계를 정의한다. 다음 예제를 보자.

➡ 입력 ▼ `실습하기`

```
SELECT prod_name, vend_name, prod_price, quantity
FROM OrderItems, Products, Vendors
WHERE Products.vend_id = Vendors.vend_id
  AND OrderItems.prod_id = Products.prod_id
  AND order_num = 20007;
```

➡ 결과 ▼

```
prod_name             vend_name        prod_price     quantity
--------------------  ---------------  ------------   ------------
18 inch teddy bear    Bears R Us       11.9900        50
Fish bean bag toy     Doll House Inc.  3.4900         100
Bird bean bag toy     Doll House Inc.  3.4900         100
Rabbit bean bag toy   Doll House Inc.  3.4900         100
Raggedy Ann           Doll House Inc.  4.9900         50
```

☑ 설명 ▼

이 예제는 주문 번호가 20007인 여러 항목을 가져온다. 주문 정보는 OrderItems 테이블에 저장되어 있다. 각각의 제품은 제품 ID를 기본 키로 하여 Products 테이블에서 참조할 수 있다. 또한, 제품은 판매처 ID로 Vendors 테이블과 연결된다.

FROM 절에는 세 개의 테이블이 있고, WHERE 절에서는 두 개의 조인 조건을 정의한다. 부가적으로 WHERE 절의 주문 번호 20007로 관련 정보를 필터링한다.

> **⚠ 성능에 대한 고려**
>
> DBMS는 프로그램 실행 중에 지정된 테이블을 연결하는 조인을 처리한다. 이런 프로세스는 자원을 매우 많이 소비하기 때문에 불필요한 테이블을 조인하지 않도록 주의를 기울여야 한다. 더 많은 테이블을 조인할수록 성능은 저하된다는 점을 기억하자.
>
> **⚠ 조인할 수 있는 테이블의 최대 수**
>
> SQL 자체에서는 조인하는 테이블의 수에 제한을 두지 않지만, 실제로 많은 DBMS에서는 제한을 두고 있다. 여러분이 사용하는 DBMS가 테이블 수에 제한을 두는지와 최대한 사용할 수 있는 테이블 수가 몇 개인지는 매뉴얼에서 살펴보기 바란다.

11장에서 나온 예제를 다시 한번 보자. 이 SELECT 문은 RGAN01 제품을 주문한 고객 목록을 가져온다.

⬛ 입력 ▼ 실습하기

```
SELECT cust_name, cust_contact
FROM Customers
WHERE cust_id IN (SELECT cust_id
                  FROM Orders
                  WHERE order_num IN (SELECT order_num
                                      FROM OrderItems
                                      WHERE prod_id = 'RGAN01'));
```

앞서 언급한 대로, 서브쿼리는 복잡한 SELECT 연산을 수행하는 데 있어 언제나 효과적인 방법은 아니다. 이 경우 조인을 사용한 구문을 보자.

⬛ 입력 ▼ 실습하기

```
SELECT cust_name, cust_contact
FROM Customers, Orders, OrderItems
WHERE Customers.cust_id = Orders.cust_id
  AND OrderItems.order_num = Orders.order_num
  AND prod_id = 'RGAN01';
```

⬛ 결과 ▼

```
cust_name            cust_contact
-------------------  -------------------
Fun4All              Denise L. Stephens
The Toy Store        Kim Howard
```

☑ 설명 ▼

11장에서는 이 쿼리로 필요한 데이터를 가져오려면 세 개의 테이블을 사용해야 했다. 하지만 여기서는 여러 겹으로 둘러싼 서브쿼리를 사용하는 대신 두 개의 조인을 사용하여 테이블을 연결했다. 세 개의 WHERE 조건이 있는데, 처음 두 개는 조인에서 테이블을 연결하고, 마지막 조건은 RGAN01 제품인 데이터를 필터링하기 위해 사용하였다.

> **💡 실험정신을 기르자.**
> 방금 본 것처럼 SQL 연산을 수행하기 위한 방법은 보통 한 가지 이상 존재한다. 그리고

어떤 방법을 사용할지엔 절대적인 옳고 그름이 없다. 사용하는 연산의 유형, DBMS의 종류, 테이블에 있는 데이터의 양, 인덱스나 키의 존재 여부, 다른 조건 등에 따라 성능이 좌우된다. 그러므로 어떤 것이 최적으로 동작하는지 알아보기 위해 여러 방식으로 실험해보는 것이 좋다.

✏️ 조인 열 이름

여기에 사용한 모든 예제에서 조인된 열의 이름(예를 들어, Customers 테이블과 Orders 테이블 모두에서 cust_id)은 같다. 그러나 언제나 동일한 열 이름을 사용하는 것이 요구되는 것은 아니며 다른 명명 규칙을 사용하는 데이터베이스도 있다. 그렇지만 이 책에서는 좀 더 간단하고 명확하게 하고자 이런 방식으로 테이블을 만들었다.

정리해보자!

조인은 SQL에서 가장 중요하고 강력한 기능 가운데 하나이다. 조인을 효율적으로 사용하려면 관계형 데이터베이스 설계를 기본적으로 이해해야 하므로 몇 가지 기본적인 관계형 데이터베이스 설계를 배웠다. 또한, 가장 자주 사용하는 조인인 내부 조인(동등 조인)을 만드는 방법도 알아보았다. 다음 장에서는 다른 방식으로 조인을 생성하는 방법을 학습한다.

도전 과제 `실습하기`

1. Customers 테이블에서 고객명(cust_name)과 Orders 테이블에서 관련된 주문 번호(order_num)를 가져와, 그 결과를 고객명 그리고 주문 번호순으로 정렬하는 SQL 문을 작성하라. 실제로 간단한 이퀴 조인 문법을 사용하여 한 번, 내부 조인을 사용하여 한 번 작성해 보자.

2. 이전 도전 과제를 좀 더 유용하게 만들어 보자. 고객명과 주문 번호 외 OrderTotal이라는 이름의 세 번째 열을 추가해 보자. OrderTotal에는 각 주문의 총가격이 포함되어 있다. 이를 위해 2가지 방법이 있다. OrderItems 테이블에서 서브쿼리를 사용해 OrderTotal 열을 생성하는 게 첫 번째 방법

이다. 두 번째는 기존 테이블에 `OrderItems` 테이블을 조인한 다음 그룹 함수를 사용할 수 있다. 완전한 열 이름(Fully Qualified Column Name) 사용이 필요할 수도 있다는 점에 유의하자.

3. 11장에 있는 도전 과제 2를 다시 보자. 제품 `BR01`이 주문된 날짜를 가져오는 SQL 문을 작성하라. 이번에는 조인과 간단한 이퀴 조인 문법을 사용한다. 결과는 11장과 같아야 한다.

4. 흥미로운가? 다시 한번 해보자. 11장 도전 과제 3을 ANSI 내부 조인 문법을 사용해 다시 작성해 보자. 도전 과제 3에서 작성한 코드는 2개의 중첩된 서브쿼리를 사용하였다. 다시 만들려면, 이 장 앞 예제에서 설명한 것처럼 두 개의 내부 조인이 있어야 한다. 마지막으로 `prod_id`로 필터링할 `WHERE` 절을 잊지 말기 바란다.

5. 조인과 그룹 함수, 그룹핑을 모두 섞어 좀 더 재밌게 만들어보자. 준비되었는가? 10장으로 돌아가 보면 1000 이상의 값을 가진 주문 번호를 찾는 도전 과제가 있었다. 결과는 유용하긴 했지만, 그 주문한 고객의 이름을 찾으면 실용성이 한층 더 높아질 수 있다. 조인을 사용하여 `Customers` 테이블에서 고객명(`cust_name`), 그리고 `OrderItems` 테이블에서 모든 주문의 합계를 가져오는 SQL 문을 작성하라. 이 테이블을 조인하려면 `Orders` 테이블도 포함해야 한다(`Customers` 테이블은 `Orders`와는 연관되지만 `OrderItems`와는 직접 연관되어 있지 않기 때문이다). `GROUP BY`와 `HAVING` 절을 사용해야 한다는 것과 고객명으로 정렬하는 것도 잊지 말자. 간단한 이퀴 조인이나 ANSI 내부 조인 문법을 사용해보자. 욕심이 난다면 두 방법으로 모두 작성해 보자.

13장

고급 테이블 조인 생성하기

이번 장에서는 다른 조인에는 무엇이 있으며, 어떻게 사용하는지 학습한다. 또한, 테이블 별칭을 사용하는 방법과 조인된 테이블에서 그룹 함수를 사용하는 방법도 알아볼 것이다.

테이블 별칭 사용하기

추가 조인 유형을 살펴보기 전에 별칭을 다시 다뤄보자. 7장에서 테이블 열을 참조할 때 별칭을 어떻게 사용해야 하는지를 배웠는데, SQL Server에서 열에 별칭을 붙이는 문법을 다시 살펴보자.

➡️ 입력 ▼

```
SELECT RTRIM(vend_name) + ' (' + RTRIM(vend_country) + ')'
       AS vend_title
FROM Vendors
ORDER BY vend_name;
```

SQL에서는 열 이름과 계산 필드 그리고 테이블 이름에도 별칭을 사용할 수 있다. 테이블 이름에 별칭을 사용하는 이유는 크게 두 가지다.

- 사용하는 SQL 명령문의 수를 줄이기 위해
- 하나의 SELECT 문 내에서 같은 테이블을 여러 번 사용하기 위해

다음 SELECT 문은 기본적으로 앞 장에서 사용했던 예제와 같지만, 별칭을 사용했다는 점에서 차이가 있다.

➡️ 입력 ▼　　　　　　　　　　　　　　　　　　　　　　　　　　　　실습하기

```
SELECT cust_name, cust_contact
FROM Customers AS C, Orders AS O, OrderItems AS OI
WHERE C.cust_id = O.cust_id
  AND OI.order_num = O.order_num
  AND prod_id = 'RGAN01';
```

☑️ 설명 ▼

보는 것처럼 FROM 절에 있는 세 개의 테이블은 모두 별칭을 가진다. Customers AS C는 Customers 테이블의 별칭을 C로 하겠다는 뜻이고, 이후 내용도 마찬가지이다. Customers 라는 테이블 전체 이름 대신에 짧게 C로 테이블을 지칭할 수 있다. 이 예제에서 테이블 별칭은 WHERE 절에서만 사용한다. 그러나 그렇다고 테이블 별칭을 WHERE 절에서만 쓸 수 있다는 의미는 아니다. SELECT 문의 ORDER BY 절이나 그 외 다른 절에서도 테이블 별칭을 사용할 수 있다.

> **⚠️ Oracle에서는 AS를 쓸 수 없다.**
>
> Oracle에서는 테이블에 별칭을 붙일 때 AS 키워드를 지원하지 않는다. Oracle에서 별칭을 사용하려면, AS를 빼고 별칭을 적으면 된다. 즉, Customers AS C가 아니라 Customers C로 쓴다.

테이블 별칭은 쿼리가 수행되는 동안에만 사용할 수 있다는 점을 알아두자. 열 별칭과는 달리 테이블 별칭은 클라이언트에게 절대 반환될 일이 없기 때문이다.

다른 조인 타입 사용하기

여태까지는 내부 조인 또는 동등 조인 같은 간단한 조인만 사용했다. 이제 셀프 조인, 자연 조인, 외부 조인이라는 세 가지 조인 유형을 배워보겠다.

셀프 조인(Self Join)

앞서 설명한 대로 테이블 별칭을 사용하는 주된 이유 가운데 하나는 SELECT 문
에서 같은 테이블을 두 번 이상 참조하기 위해서이다. 그럼 이에 대한 예제를
살펴보자.

여러분은 Jim Jones라는 사람과 같은 회사에서 일하는 모든 직원에게 메일을
보내려고 한다. 이 경우 먼저 Jim Jones가 어느 회사에서 일하는지 알아내는 쿼
리가 필요하고, 그다음 그 회사에서 일하는 직원 연락처를 알아내는 쿼리가 필
요하다. 다음은 이 문제를 해결하는 방법의 하나이다.

➡ 입력 ▼   `실습하기`

```
SELECT cust_id, cust_name, cust_contact
FROM Customers
WHERE cust_name = (SELECT cust_name
                   FROM Customers
                   WHERE cust_contact = 'Jim Jones');
```

➡ 결과 ▼

cust_id	cust_name	cust_contact
1000000003	Fun4All	Jim Jones
1000000004	Fun4All	Denise L. Stephens

☑ 설명 ▼

첫 번째 해결책은 서브쿼리를 사용하는 것이다. 안쪽에 있는 SELECT 문은 Jim Jones가 일하
는 회사(cust_name)를 가져오는 간단한 작업을 수행한다. 가져온 이름은 바깥에 있는 쿼리의
WHERE 절에 사용되어 그 회사에 일하는 직원을 모두 검색한다(서브쿼리에 대해 좀 더 알고 싶
다면 11장을 다시 살펴보자).

그럼 이제 조인을 사용한 예제를 보자.

➡ 입력 ▼   `실습하기`

```
SELECT c1.cust_id, c1.cust_name, c1.cust_contact
FROM Customers AS c1, Customers AS c2
WHERE c1.cust_name = c2.cust_name AND c2.cust_contact = 'Jim Jones';
```

⊡ 결과 ▼

```
cust_id              cust_name              cust_contact
------------------   ------------------     ------------------
1000000003           Fun4All                Jim Jones
1000000004           Fun4All                Denise L. Stephens
```

> 💡 **Oracle에서는 AS를 쓸 수 없다.**
>
> Oracle 사용자라면 AS 키워드를 삭제해야 한다.

☑ 설명 ▼

이 쿼리에서 필요한 두 테이블은 실제로는 같은 테이블이다. 그래서 FROM 절에 Customers 테이블이 두 번 나타난다. 문법적으로는 이렇게 사용해도 아무런 문제가 없지만, 똑같은 테이블을 참조하는 것은 모호해질 우려가 있다. 왜냐하면 DBMS가 어떤 Customers 테이블을 참조해야 하는지 알지 못하기 때문이다.

이 문제를 해결하기 위해 테이블 별칭을 사용한다. 첫 번째 Customers 테이블은 c1, 두 번째 테이블은 c2라는 별칭을 주었다. 이제 이 별칭을 테이블 이름으로 사용할 수 있다. 예를 들어 SELECT 문에서 가져오려는 열을 부를 때 c1을 사용하였는데, 별칭을 지정하지 않으면, cust_id, cust_name, cust_contact라는 이름의 열이 두 개씩 존재하기 때문에 에러가 발생할 것이다. DBMS는 두 개 가운데 어떤 테이블에 여러분이 원하는 데이터가 있는지 알지 못한다(비록 두 개가 같은 테이블이라고 할지라도). WHERE 절에서 테이블을 먼저 조인하고, 그 다음 원하는 데이터만 가져오기 위해 두 번째 테이블에서 cust_contact로 데이터를 필터링한다.

> 💡 **서브쿼리보다는 셀프 조인이 빠르다.**
>
> 같은 테이블에서 데이터를 가져오는 서브쿼리 대신에 종종 셀프 조인이 사용된다. 최종 결과는 같지만, 많은 DBMS에서 서브쿼리로 처리하는 것보다 조인으로 처리하는 속도가 훨씬 빠르다. 어떤 것이 성능이 더 좋은지 확인하기 위해 두 개를 모두 사용해보는 것도 좋다.

자연 조인(Natural Join)

테이블을 조인할 때, 한 개 이상의 테이블에서 최소한 하나의 열은 있어야 한다(조인을 생성할 때 그 열을 사용한다). 표준적인 조인(지난 장에서 배웠던 내부 조인)은 같은 열이 여러 번 나타나더라도 모든 데이터를 반환한다. 자연 조인은 여러 번 반복되는 열을 제거하여 각 열이 한 번만 반환되는 것을 말한다.

그럼 어떻게 중복되는 열을 제거하면 될까? 정답은 DBMS에서 처리하지 않고, 여러분이 직접 중복되는 열이 제거되도록 쿼리를 만드는 것이다. 일반적으로 한 테이블에서는 와일드카드(SELECT *)를 사용하고, 다른 테이블은 가져올 열을 명시하여 만든다. 다음 예제를 보자.

⇥ 입력 ▼ `실습하기`

```
SELECT C.*, O.order_num, O.order_date,
       OI.prod_id, OI.quantity, OI.item_price
FROM Customers AS C, Orders AS O, OrderItems AS OI
WHERE C.cust_id = O.cust_id
  AND OI.order_num = O.order_num
  AND prod_id = 'RGAN01';
```

> **💡 Oracle에서 AS를 사용할 수 있다.**
> Oracle에서는 앞 예제와 마찬가지로 AS 키워드를 삭제해야 한다. 다만 AS 키워드를 열 이름에 사용하는 것은 가능하다.

☑ 설명 ▼

이 예제에서는 와일드카드가 첫 번째 테이블에만 사용되었다. 나머지 모든 열은 열 이름으로 나열하였기 때문에 중복된 열은 가져오지 않는다.

사실 여태까지 생성한 모든 내부 조인은 실제로는 자연 조인이다. 그리고 아마 자연 조인이 아닌 내부 조인은 평생 만들 일이 없을 것이다.

외부 조인(Outer Join)

대부분의 조인은 한 테이블의 행과 다른 테이블의 행과 관계가 있다. 하지만 때로는 관련되지 않은 행을 포함하고 싶을 때도 있다. 예를 들어 다음 작업을 수행할 때 조인을 사용할 수 있다.

- 고객의 주문 수량을 계산할 때 아직 주문하지 않은 고객도 포함한다.
- 제품과 주문 수량을 함께 나열하며, 아무도 주문하지 않은 제품도 포함한다.
- 주문하지 않은 고객도 고려하여, 평균 세일 규모를 계산한다.

위의 세 가지 작업을 수행하려면 연결된 테이블에서 관련이 없는 행을 가져와야 한다. 이를 실행할 때 사용하는 것이 외부 조인이다.

> ⚠️ **문법의 차이**
>
> 외부 조인을 생성하기 위해 사용하는 문법은 SQL 실행 환경마다 조금씩 다르다는 것을 기억해야 한다. 이후에 나오는 다양한 형태의 문법은 대다수 SQL 실행 환경에서 동작하지만, 진행하기 전에 문법이 맞는지 확인하려면 사용하는 DBMS의 매뉴얼을 살펴보기 바란다.

다음 SELECT 문은 간단한 내부 조인으로, 모든 고객 목록과 고객의 주문 내역을 가져온다.

➡️ 입력 ▼　　　　　　　　　　　　　　　　　　　　　　　실습하기

```
SELECT Customers.cust_id, Orders.order_num
FROM Customers INNER JOIN Orders
  ON Customers.cust_id = Orders.cust_id;
```

외부 조인 문법도 비슷하다. 주문하지 않은 고객을 포함하여 모든 고객 목록을 가져오려면, 다음과 같이 수행한다.

➡️ 입력 ▼　　　　　　　　　　　　　　　　　　　　　　　실습하기

```
SELECT Customers.cust_id, Orders.order_num
FROM Customers LEFT OUTER JOIN Orders
  ON Customers.cust_id = Orders.cust_id;
```

⇨ 결과 ▼

```
cust_id          order_num
-------------    -------------
1000000001       20005
1000000001       20009
1000000002       NULL
1000000003       20006
1000000004       20007
1000000005       20008
```

☑ 설명 ▼

지난 장에서 배운 내부 조인처럼 이 SELECT 문도 조인 유형을 명시하기 위해 OUTER JOIN 이라는 키워드를 사용한다. 하지만 두 테이블과 관련 있는 행만 가져오는 내부 조인과는 달리 외부 조인은 관련이 없는 행도 포함한다. OUTER JOIN 문법을 사용할 때는 반드시 RIGHT 나 LEFT 키워드를 명시해 어떤 테이블에 있는 행을 모두 가져올지 지정해야 한다. RIGHT는 OUTER JOIN의 오른쪽에 있는 테이블을, LEFT는 왼쪽에 있는 테이블을 의미한다. 방금 본 예제에서는 LEFT OUTER JOIN을 사용했는데, FROM 절 왼쪽에 있는 테이블의 모든 행을 가져온다. 오른쪽 테이블의 모든 행을 가져오려면 다음 예제처럼 RIGHT OUTER JOIN을 사용하면 된다.

⇥ 입력 ▼　　　　　　　　　　　　　　　　　　　　　　　　　　　　　실습하기

```
SELECT Customers.cust_id, Orders.order_num
FROM Customers RIGHT OUTER JOIN Orders
  ON Orders.cust_id = Customers.cust_id;
```

⚠ SQLite 외부 조인

SQLite는 왼쪽 외부 조인은 지원하지만, 오른쪽 외부 조인은 지원하지 않는다. 다행히 오른쪽 외부 조인 기능이 필요한 경우에도 해결할 방법이 있다. 다음에 나오는 팁에서 이 해결책을 설명한다.

💡 외부 조인 유형

외부 조인에는 두 가지 기본적인 형태인 왼쪽 외부 조인과 오른쪽 외부 조인이 있다는 것을 기억해보자. 이 두 가지의 차이점은 관련된 테이블의 순서이다. 풀어서 설명하면, FROM 절이나 WHERE 절에서 테이블의 순서를 바꿔 간단히 왼쪽 외부 조인을 오른쪽 외

부 조인으로 바꿀 수 있다. 그렇게 두 외부 조인은 바꿔서 사용할 수 있다. 어떤 것을 외부 조인으로 사용할 것인지 결정할 때는 순수하게 어떤 것이 더 편리한지 고려하자.

조인에는 다른 종류가 하나 더 있는데, 전체 외부 조인이다. 전체 외부 조인은 두 개의 테이블에서 모든 행을 가져오고 관련된 행은 연결한다. 왼쪽 외부 조인이나 오른쪽 외부 조인이 하나의 테이블에서 관련되지 않은 행을 모두 가져오는 것과는 달리, 전체 외부 조인은 두 개의 테이블 모두에서 관련되지 않은 행을 포함할 수 있다. 문법은 다음과 같다.

⊡ 입력 ▼ 　　　　　　　　　　　　　　　　　　　　　　　　　　　　　　　　 실습하기

```sql
SELECT Customers.cust_id, Orders.order_num
FROM Customers FULL OUTER JOIN Orders
  ON Customers.cust_id = Orders.cust_id;
```

⚠ 전체 외부 조인의 지원

전체 외부 조인 문법은 MariaDB, MySQL, SQLite에서는 지원하지 않는다.

그룹 함수와 조인 사용하기

9장에서 배운 것처럼 그룹 함수는 데이터를 요약하기 위해 사용한다. 여태까지 그룹 함수의 모든 예제가 하나의 테이블에서 데이터를 가져오는 것이었지만, 이 함수는 조인과 함께 사용할 수 있다.

여러분이 모든 고객 목록과 각각의 고객이 주문한 수량을 가져오길 원한다고 가정하겠다. 다음 예제는 COUNT()를 사용하여 주문 수량을 가져온다.

⊡ 입력 ▼ 　　　　　　　　　　　　　　　　　　　　　　　　　　　　　　　　 실습하기

```sql
SELECT Customers.cust_id,
       COUNT(Orders.order_num) AS num_ord
```

```
FROM Customers INNER JOIN Orders
  ON Customers.cust_id = Orders.cust_id
GROUP BY Customers.cust_id;
```

📥 결과 ▼

```
cust_id        num_ord
------------   ------------
1000000001     2
1000000003     1
1000000004     1
1000000005     1
```

☑ 설명 ▼

이 SELECT 문은 Customers와 Orders 테이블을 연결하기 위해 내부 조인을 사용하였다.
GROUP BY 절에서 고객으로 그룹핑하기 때문에 COUNT(Orders.order_num)를 이용하여 각
고객이 주문한 수량을 셀 수 있고, 그 수량은 num_ord로 반환된다.

그룹 함수는 다른 조인 유형과도 같이 쓸 수 있다. 다음 예제를 보자.

➡ 입력 ▼   실습하기

```
SELECT Customers.cust_id,
       COUNT(Orders.order_num) AS num_ord
FROM Customers LEFT OUTER JOIN Orders
  ON Customers.cust_id = Orders.cust_id
GROUP BY Customers.cust_id;
```

📥 결과 ▼

```
cust_id        num_ord
------------   ------------
1000000001     2
1000000002     0
1000000003     1
1000000004     1
1000000005     1
```

☑ 설명 ▼

이 예제는 왼쪽 외부 조인을 사용했기 때문에 주문한 적이 없는 고객까지 포함한 결과가 나온
다. 예를 들어 내부 조인을 사용할 때와는 달리 1000000002 고객은 주문한 적이 없는데도 검
색되었다.

조인과 조인 조건 올바르게 사용하기

두 장에 걸쳐서 설명한 조인에 대한 설명을 마무리하기 전에, 조인을 사용하는 데 있어서 몇 가지 중요한 포인트를 요약하는 것이 좋을 것 같다.

- 사용할 조인 유형을 신중히 결정하라. 내부 조인을 사용하는 것이 좀 더 수월하겠지만, 외부 조인이 적합할 때도 많다.
- 정확히 어떠한 조인 문법을 지원하는지 확인하려면, 여러분이 사용하는 DBMS의 매뉴얼을 참고하자(대부분의 DBMS는 앞서 두 장에서 설명한 문법 유형 중 하나를 사용한다).
- 올바른 조인 조건을 사용했는지 확인하자. 그렇지 않으면 문법이 올바르더라도 잘못된 데이터를 가져올 것이다.
- 조인 조건을 쓰는 것을 잊지 말고 항상 확인하자. 그렇지 않으면 카티전 곱의 결과가 반환될 것이다.
- 하나의 조인에 여러 개의 테이블을 포함하거나 테이블별로 조인 유형을 다르게 할 수도 있다. 문법적으로는 이렇게 사용하는 게 문제가 없고 때로는 유용하지만, 같이 묶어서 테스트하기 전에 각각의 조인을 따로따로 테스트해야 한다. 그럼 혹시 문제가 발생했을 때 훨씬 쉽게 해결할 수 있다.

정리해보자!

이번 장에서는 지난 장에 이어서 조인에 대해 다뤘는데, 별칭을 어떻게 사용하는지와 왜 사용하는지를 설명하고, 여러 가지 조인 유형과 각각의 문법도 알아보았다. 또한, 조인과 그룹 함수를 같이 사용하는 방법과 조인을 사용할 때 염두에 두어야 하는 몇 가지 팁도 배웠다.

도전 과제

실습하기

1. 내부 조인을 사용해 고객명(Customers 테이블에 있는 cust_name)과 각 고객의 모든 주문 번호(Orders 테이블 안에 있는 order_num)를 가져오는 SQL 문을 작성하라.

2. 방금 작성한 SQL 문을 수정하여 주문한 적이 없는 고객까지 포함하여 모든 고객의 목록을 가져오는 SQL 문을 작성하라.

3. 외부 조인을 사용해 Products와 OrderItems 테이블을 결합하고 제품명 (prod_name)으로 정렬된 목록과 연관된 주문 번호(order_num)를 가져오는 SQL 문을 작성하라.

4. 제품별 총주문 수(주문 번호가 아니라)를 가져오는 SQL 문을 도전 과제 3 에서 작성한 SQL 문을 수정하여 작성하라.

5. 제품이 없는 판매처를 포함하여 판매처 ID(Vendors 테이블에 있는 vend_ id) 목록과 판매처별로 구매 가능한 제품의 수를 가져오는 SQL 문을 작성하라. Products 테이블에서 각 제품의 수를 계산하기 위해 그룹 함수가 필요할 것이다. vend_id 열은 여러 테이블에 나타나므로 해당 열을 참조할 때는 충분한 주의를 기울이자.

14장

S Q L i n 1 0 M i n u t e s

쿼리 결합하기

이 장에서는 UNION 연산자를 사용해 여러 개의 SELECT 문을 결합하여 하나의
결과를 얻는 방법을 학습한다.

결합 쿼리 이해하기

대부분의 SQL 쿼리는 하나 이상의 테이블에서 데이터를 가져오는 단일 SELECT
문인데, 여러 쿼리(여러 개의 SELECT 문)를 수행하여 하나의 결과로 가져올 수
도 있다. 이런 결합 쿼리를 보통 집합(Union) 쿼리나 복합(Compound) 쿼리
라고 부른다. 기본적으로 결합 쿼리를 사용하는 두 가지 경우의 시나리오가
있다.

- 여러 테이블에 있는 비슷한 구조의 데이터를 하나의 쿼리로 가져오는 경우
- 한 개의 테이블에서 여러 개의 쿼리를 수행하고, 하나의 결과로 가져오는
  경우

> 💡 **결합 쿼리와 다수의 WHERE 조건**
> 대부분 하나의 테이블에서 두 개의 쿼리를 결합하는 것은 여러 개의 WHERE 조건을 갖는

쿼리 한 개와 같다. 즉, 여러 개의 WHERE 조건이 있는 SELECT 문은 결합 쿼리로 만들 수 있다. 이는 앞으로 살펴본다.

결합 쿼리 만들기

UNION 연산자를 이용하여 SQL 쿼리를 결합할 수 있다. 여러 개의 SELECT 문에 UNION을 지정하면, 그 결과가 하나로 결합된다.

UNION 사용하기

UNION을 사용하는 것은 매우 간단한데, 각각의 SELECT 문 사이에 UNION 키워드를 적기만 하면 된다. 그럼 여러분이 Illinois, Indiana, Michigan에 있는 고객에 대해 보고해야 한다고 가정하자. 또 주(state)에 관계없이, Fun4All 고객을 포함하고 싶다고 하자. 물론 WHERE 절을 사용해서 결과를 얻을 수도 있지만, 이번에는 WHERE 대신 UNION을 사용해보겠다. 설명한 대로, 집합 쿼리를 만들려면 여러 개의 SELECT 문을 써야 한다. 다음 예제를 보자.

⊡ 입력 ▼   실습하기

```
SELECT cust_name, cust_contact, cust_email
FROM Customers
WHERE cust_state IN ('IL', 'IN', 'MI');
```

⊡ 결과 ▼

```
cust_name        cust_contact      cust_email
--------------   --------------    -----------------------
Village Toys     John Smith        sales@vaillagetoys.com
Fun4All          Jim Jones         jjones@fun4all.com
The Toy Store    Kim Howard        NULL
```

⊡ 입력 ▼   실습하기

```
SELECT cust_name, cust_contact, cust_email
FROM Customers
WHERE cust_name = 'Fun4All';
```

📥 결과 ▼

cust_name	cust_contact	cust_email
Fun4All	Jim Jones	jjones@fun4all.com
Fun4All	Denise L. Stephens	dstephens@fun4all.com

☑ 설명 ▼

첫 번째 SELECT 문은 IN 절에서 Illinois, Indiana, Michigan에 있는 모든 행을 가져온다. 두 번째 SELECT 문은 고객명이 Fun4All인 모든 행을 가져온다. 한 행은 두 WHERE 조건을 충족하므로 두 결과 모두에서 나타난다는 걸 알 수 있다.

이 두 SELECT 문을 결합하려면, 다음과 같이 실행한다.

📥 입력 ▼　　　　　　　　　　　　　　　　　　　　　실습하기

```
SELECT cust_name, cust_contact, cust_email
FROM Customers
WHERE cust_state IN ('IL', 'IN', 'MI')
UNION
SELECT cust_name, cust_contact, cust_email
FROM Customers
WHERE cust_name = 'Fun4All';
```

📥 결과 ▼

cust_name	cust_contact	cust_email
Fun4All	Denise L. Stephens	dstephens@fun4all.com
Fun4All	Jim Jones	jjones@fun4all.com
Village Toys	Toys John Smith	sales@vaillagetoys.com
The Toy Store	Kim Howard	NULL

☑ 설명 ▼

이 문은 두 개의 SELECT 문으로 만들어졌는데, 이 두 문을 UNION 키워드로 결합하였다. UNION은 두 개의 SELECT 문이 실행한 결과를 하나로 합친다.

다음은 UNION 대신 여러 개의 WHERE 절로 같은 쿼리를 만든 예이다.

➡️ **입력 ▼** 실습하기

```
SELECT cust_name, cust_contact, cust_email
FROM Customers
WHERE cust_state IN ('IL', 'IN', 'MI')
      OR cust_name = 'Fun4All';
```

이런 간단한 예제에서는 WHERE 절보다 UNION이 훨씬 복잡할 수 있다. 하지만, 필터링 조건이 좀 더 복잡하거나 하나의 테이블이 아니라 여러 개의 테이블에서 데이터를 가져와야 할 때 UNION을 사용하면 훨씬 더 간단한 쿼리를 만들 수 있다.

💡 **UNION 제한**

표준 SQL은 UNION으로 결합하는 SELECT 문의 수에 제한을 두지 않지만, 여러분이 사용하는 DBMS가 개수를 제한하는지 살펴보는 것이 좋다. 사용하는 DBMS의 매뉴얼에서 UNION으로 결합할 수 있는 SELECT 문의 최대 개수를 확인해보자.

⚠️ **성능 문제**

좋은 DBMS는 SELECT 문을 결합하기 위해 내부적으로 쿼리 최적화기를 사용한다. 이론상으로는 성능 관점에서 여러 개의 WHERE 절 조건이나 UNION을 사용하는 것이 아무런 차이가 없어야 한다. 하지만 실제로 대부분의 쿼리 최적화기는 기대하는 만큼의 작업을 해내지 못하기 때문에 어떤 것이 더 좋은 결과를 내는지는 직접 테스트해서 확인하는 것이 좋다.

UNION 규칙

앞서 살펴본 것처럼 UNION은 사용하기 매우 쉽다. 하지만 결합을 제대로 제어하려면 몇 가지 기본 규칙을 알아야 한다.

- UNION은 반드시 두 개 이상의 SELECT 문으로 구성되어야 하며, 각각의 명령문은 UNION이라는 키워드로 구분한다(만일 네 개의 SELECT 문이 있다면 UNION 키워드는 세 개가 된다).

- UNION에서 각 쿼리는 같은 열이나 수식, 그룹 함수를 가져야 한다(일부 DBMS는 심지어 열 순서까지 맞춰야 한다).
- 열 데이터형은 호환될 수 있다. 정확히 같은 데이터형일 필요는 없지만, DBMS가 내부적으로 변환할 수 있어야 한다(예를 들면 다른 수치형이나 다른 날짜형).

✎ UNION 열 이름

UNION으로 결합한 SELECT 문의 열 이름이 다르다면, 실제 어떤 열 이름을 반환할까? 예를 들어 SELECT prod_name과 UNION으로 결합한 다음 SELECT 문에서 productname을 쓴다면 결합하여 반환되는 열 이름은 무엇일까?

답은 첫 번째 이름이다. 그래서 위 예제에서는 두 번째 SELECT 문에서 다른 이름을 사용한다고 할지라도 prod_name이 반환된다. 즉, 반환된 열 이름에 별칭을 사용해야 한다면 첫 번째 열에 설정하면 된다.

다만 여기에는 재미있는 부작용이 존재한다. 첫 번째 열 이름이 사용되기 때문에 정렬할 때도 그 이름만 사용할 수 있다. 다시 한번 우리 예제를 살펴보자. 결합한 결과를 정렬하려면 ORDER BY prod_name으로 사용해야지, productname을 쓰면 오류 메시지가 발생할 것이다.

이런 기본적인 규칙을 준수하면, 데이터 검색 작업에 UNION을 효율적으로 사용할 수 있다.

중복 행 포함하기와 제거하기

앞서 UNION을 사용한 SELECT 문을 다시 보자. 첫 번째 SELECT 문은 세 개의 행을, 두 번째 SELECT 문은 두 개의 행을 가져온다. 이때 두 개의 SELECT 구문을 UNION으로 결합하면, 다섯 개가 아니라 네 개의 행만 가져온다.

UNION은 쿼리 결과에서 자동으로 중복 행을 제거한다. Indiana에는 Fun4All이 있기 때문에 두 개의 SELECT 문 모두에서 그 행을 가져오지만, UNION이 사용될 때는 중복된 행을 삭제한다. 이는 UNION의 기본 동작이지만, 원한다면 바꿀 수도 있다. 만약 중복되는 행을 포함해서 모든 행을 가져오고 싶다면, UNION 대신 UNION ALL을 쓰면 된다. 다음 예제를 보자.

⬆ 입력 ▼   `실습하기`

```
SELECT cust_name, cust_contact, cust_email
FROM Customers
WHERE cust_state IN ('IL', 'IN', 'MI')
UNION ALL
SELECT cust_name, cust_contact, cust_email
FROM Customers
WHERE cust_name = 'Fun4All';
```

➡ 결과 ▼

```
cust_name         cust_contact         cust_email
--------------    ------------------   -----------------------
Village Toys      John Smith           sales@vaillagetoys.com
Fun4All           Jim Jones            jjones@fun4all.com
The Toy Store     Kim Howard           NULL
Fun4All           Jim Jones            jjones@fun4all.com
Fun4All           Denise L. Stephens   dstephens@fun4all.com
```

☑ 설명 ▼

UNION ALL을 사용하면 DBMS는 중복된 행을 제거하지 않는다. 그래서 이 예제에서는 중복된 행을 포함해서 다섯 개의 행을 반환한다.

> **💡 UNION vs WHERE**
>
> 이 장의 첫 부분에서 UNION은 대부분 여러 개의 WHERE 조건을 사용하는 것과 같은 결과를 얻을 수 있다고 언급한 바 있다. UNION ALL은 WHERE 절에서 갖고 올 수 없는 결과를 반환한다. 만약 여러분이 원하는 것이 중복된 행을 포함해서 모든 조건과 일치하는 행을 가져오는 것이라면, WHERE 절이 아니라 반드시 UNION ALL을 사용해야 한다.

결합 쿼리 결과 정렬하기

ORDER BY 절을 사용하여 SELECT 문의 결과를 정렬할 수 있다. UNION으로 쿼리를 결합할 때는 딱 하나의 ORDER BY 절을 사용할 수 있는데, 이때 이 ORDER BY 절은 마지막 SELECT 구문 뒤에 와야 한다. 결과의 일부분은 한 방식으로 정렬하고, 다른 일부분은 다른 방식으로 정렬하는 것은 의미가 없기 때문에 여러 개의 ORDER BY 절을 지원하지 않는 것이다.

다음은 이전에 사용했던 UNION 예제인데, 여기서는 추가로 가져온 결과를 정렬하도록 했다.

➡ 입력 ▼　　　　　　　　　　　　　　　　　　　　　　　　　　　　`실습하기`

```
SELECT cust_name, cust_contact, cust_email
FROM Customers
WHERE cust_state IN ('IL', 'IN', 'MI')
UNION
SELECT cust_name, cust_contact, cust_email
FROM Customers
WHERE cust_name = 'Fun4All'
ORDER BY cust_name, cust_contact;
```

➡ 결과 ▼

```
cust_name         cust_contact           cust_email
--------------    ------------------     ----------------------
Fun4All           Denise L. Stephens     dstephens@fun4all.com
Fun4All           Jim Jones              jjones@fun4all.com
The Toy Store     Kim Howard             NULL
Village Toys      John Smith             sales@vaillagetoys.com
```

☑ 설명 ▼

이 UNION 문은 마지막 SELECT 문 뒤에 하나의 ORDER BY 절을 갖고 있다. ORDER BY 절이 마지막 SELECT 문에만 나오지만, 실제로는 모든 SELECT 문에 적용한 정렬 결과를 보여준다.

✏ 다른 UNION 타입

일부 DBMS는 UNION과 비슷한 유형을 두 가지 더 지원한다. 하나는 EXCEPT(MINUS로 불리는 경우도 있다)로 두 번째 테이블에는 없지만, 첫 번째 테이블에 있는 행을 가져올 때 사용한다. 두 번째는 INTERSECT로 두 개의 테이블에 모두 존재하는 행을 가져올 때 사용한다. 하지만 조인을 사용해도 같은 결과를 가져올 수 있어서 이런 UNION 타입은 거의 사용하지 않는다.

> 💡 **여러 개의 테이블 사용하기**
>
> 단순하게 보여주기 위해 이번 장의 예제는 모두 같은 테이블의 쿼리를 UNION을 이용해서 결합했다. 실제 여러 테이블에 있는 데이터를 결합하거나 열 이름이 다를 때 UNION을 사용하면 유용하다. 열 이름이 다른 테이블에서도 별칭을 사용해 UNION을 쓸 수 있고, 결과를 하나로 가져올 수 있다.

정리해보자!

이번 장에서는 UNION을 이용해 SELECT 문을 결합하는 방법을 배웠다. UNION을 사용하면, 중복을 포함하든 제거하든 여러 개의 쿼리를 결합하여, 하나의 결과를 가져올 수 있다. 또 여러 개의 테이블에서 데이터를 가져올 때, 복잡한 WHERE 절 대신 UNION을 사용하면 매우 간단하게 구현할 수 있다.

도전 과제

〔실습하기〕

1. OrderItems 테이블에서 제품 ID(prod_id)와 수량을 가져오기 위해 두 개의 SELECT 문을 결합하는 SQL 문을 작성하라. 하나는 BNBG로 시작하는 SELECT 문이고 다른 하나는 수량이 딱 100인 제품만 가져오는 SELECT 문이다. 제품 ID로 정렬한다

2. 방금 작성한 SQL을 하나의 SELECT 문으로 다시 작성하라.

3. 조금 무의미할 수도 있지만, 이 장 초반에 있는 노트를 보강하려 한다. Prodcuts에 있는 제품명(prod_name)과 Customers에 있는 고객명(cust_name)을 결합하여 가져오는 SQL 문을 작성하라. 그 결과를 제품명으로 정렬한다.

4. 다음 SQL 문은 무엇이 잘못되었는가? (실행하지 말고 바로 알아내 보자.)

```
SELECT cust_name, cust_contact, cust_email
FROM Customers
```

```
WHERE cust_state = 'MI'
ORDER BY cust_name;
UNION
SELECT cust_name, cust_contact, cust_email
FROM Customers
WHERE cust_state = 'IL'
ORDER BY cust_name;
```

15장

데이터 삽입하기

이 장에서는 SQL INSERT 문을 이용하여 테이블에 데이터를 삽입하는 방법에 대해 학습한다.

데이터 삽입 이해하기

SELECT 문은 의심할 여지 없이 가장 많이 사용되는 SQL 문이다(이에 앞의 14 개 장에서는 모두 SELECT 문을 설명하였다). 그러나 SELECT 문 외에도 자주 사용하는 세 가지 SQL 문이 있는데, 이 또한 반드시 알아둬야 한다. 그 첫 번째는 INSERT 문이다(다른 두 개의 명령문은 이후에 배울 것이다).

이름에서 추측할 수 있는 것처럼, INSERT 문은 데이터베이스 테이블에 행을 삽입하기 위해 사용한다. INSERT 문은 여러 가지 방법으로 사용할 수 있다.

- 완전한 행 삽입하기
- 부분 행 삽입하기
- 쿼리 결과 삽입하기

그럼 각각 하나씩 살펴보자.

> ♀ **INSERT와 시스템 보안**
>
> INSERT 문을 사용하려면 특별한 보안 권한이 필요할 수도 있다. INSERT 문을 사용하기
> 전에 적절한 권한을 갖고 있는지 확인해보자.

완전한 행 삽입하기

테이블에 데이터를 삽입하는 가장 간단한 방법은 기본 INSERT 문을 사용하는
것이다. 기본 INSERT 문은 테이블 이름을 명시하고 새로운 행에 삽입하려는 값
을 넣는 것이다. 다음 예를 보자.

➜ 입력 ▼   실습하기

```
INSERT INTO Customers
VALUES (1000000006,
        'Toy Land',
        '123 Any Street',
        'New York',
        'NY',
        '11111',
        'USA',
        NULL,
        NULL);
```

➡ 결과 ▼

1 row(s) inserted.

☑ 설명 ▼

이 문장에서는 Customers 테이블에 새로운 고객 정보를 삽입한다. 테이블 열에 저장되는 데
이터는 VALUES 절에 쓰면 되는데, 모든 열에 값을 반드시 적어야 한다. cust_contact나
cust_email처럼 열이 아무 값도 가지지 않는다면, NULL을 써야 한다(테이블에서 NULL 값을
허용한다고 가정하였다). 열은 테이블 정의에 있는 순서대로 와야 한다.

> ♀ **INTO 키워드**
>
> 일부 SQL 실행 환경에서는 INSERT 문 뒤에 나오는 INTO를 써도 되고 안 써도 된다. 하
> 지만, 무조건 이 키워드를 쓰는 것이 좋다. 그래야 이 SQL 코드를 다른 DBMS에서도 문

제없이 실행할 수 있다.

💡 삽입한 데이터 확인하기

지금까지 이 책을 잘 따라왔다면 삽입한 데이터를 확인하기 위해 SELECT 문을 사용한다
는 것을 알고 있을 것이다. SELECT 문으로 고객 테이블의 모든 데이터를 불러오자. 여러
분이 직접 실행해 볼 것을 권하며 여기서는 이 과정을 생략한다.

앞서 사용한 문법은 간단하지만, 안전한 방법이 아니기 때문에 이런 식으로 사
용하는 것은 반드시 피해야 한다. 이 SQL 문은 테이블에 정의된 열의 순서에
전적으로 의존하고 있기 때문에, 이와 같은 SQL 문을 작성하려면 열의 순서를
정확히 알고 있어야 한다. 즉, 이렇게 사용해도 문제가 될 것은 없어 보이지만,
중요한 것은 이후에도 테이블이 똑같은 순서대로 구성될 것이라는 보장이 전
혀 없다는 것이다. 그래서 특정 열의 순서에 의존해 SQL 문을 작성하는 것은
매우 위험하고, 언젠가는 오류가 발생할 가능성이 크다.

약간 복잡하지만, INSERT 문을 더 안전하게 사용할 수 있는 방법은 다음과
같다.

➡️ 입력 ▼　　　　　　　　　　　　　　　　　　　　　　　　　실습하기

```
INSERT INTO Customers (cust_id,
                       cust_name,
                       cust_address,
                       cust_city,
                       cust_state,
                       cust_zip,
                       cust_country,
                       cust_contact,
                       cust_email)
VALUES (1000000006,
        'Toy Land',
        '123 Any Street',
        'New York',
        'NY',
        '11111',
        'USA',
```

```
          NULL,
          NULL);
```

☑ 설명 ▼

이 문장은 이전의 INSERT 문과 완전히 똑같은 작업을 하지만, 이번에는 테이블 이름 뒤 괄호 안에 열 이름을 분명히 표현했다. 행을 삽입할 때 DBMS는 VALUES 항목에 있는 값을 각각의 열과 매치시킨다. VALUES 안에 처음 나오는 값은 처음에 적힌 열에 넣고, 두 번째 값은 두 번째에 있는 열에 넣는다.

실제 테이블에서 정의한 열 순서가 아니라 INSERT 문에서 정의한 열 순서대로 VALUES의 값이 매치된다. 이 방법의 장점은 다음에 테이블 구조가 변경되더라도, INSERT 문이 올바르게 작동한다는 점이다.

> **✐ 동일 레코드의 중복 INSERT 불가**
>
> 만약 앞의 두 가지 예제를 모두 시도해 봤다면 ID가 1000000006인 고객이 이미 존재하기 때문에 두 번째 삽입할 때는 오류 메시지가 발생하는 걸 확인할 수 있다. 1장에서 설명한 대로 기본 키의 값은 고유해야 한다. cust_id가 기본 키이기 때문에 같은 cust_id 값을 갖는 행은 삽입되지 않는다. 다음 예제에서도 마찬가지다. INSERT 문을 시도하려면 첫 번째 행을 삭제해야 한다(삭제하는 건 다음 장에서 설명한다). 아니면 이미 행을 추가했다는 점을 이해했다면 삭제하지 않고 그대로 다음 과정을 진행해도 좋다.

다음 INSERT 문은 방금 본 예제와 동일하게 열을 넣는데, 다만 순서를 달리한다. 이 경우 열 이름이 있기 때문에 순서가 바뀌어도 동작하는 데는 아무런 이상이 없다.

➔ 입력 ▼

```
INSERT INTO Customers (cust_id,
                       cust_contact,
                       cust_email,
                       cust_name,
                       cust_address,
                       cust_city,
```

```
                    cust_state,
                    cust_zip,
                    cust_country)
VALUES (1000000006,
        NULL,
        NULL,
        'Toy Land',
        '123 Any Street',
        'New York',
        'NY',
        '11111',
        'USA');
```

> 💡 **항상 열 목록을 사용하자.**
>
> INSERT 문을 사용할 때 열 목록을 적는 것을 규칙으로 삼기 바란다. 그래야 테이블이 변
> 경되는 상황에도 여러분이 작성한 SQL이 계속 동작할 수 있다.
>
> ⚠️ **VALUES를 사용할 때 주의점**
>
> 어떤 INSERT 문을 사용하느냐와 관계없이 VALUES에 있는 값은 열의 개수와 항상 맞춰
> 야 한다. 열 이름을 생략할 때는 테이블에 있는 모든 열의 수에 맞게, 열 목록을 사용하면
> 목록에 있는 열의 수에 맞도록 값을 적는다. 열과 값의 수가 다르면, 에러 메시지가 발생
> 하고 행은 삽입되지 않는다.

부분 행 삽입하기

앞서 설명한 대로 INSERT 문을 사용할 때는 테이블의 열 이름을 적어주는 것을
권한다. 그리고 이 문법을 사용하면 모든 열의 값을 다 쓰지 않아도 된다. 다시
말하자면, 몇 개의 열에만 값을 지정할 수 있다는 말이다. 다음 예제를 보자.

⤷ 입력 ▼

```
INSERT INTO Customers (cust_id,
                       cust_name,
                       cust_address,
                       cust_city,
                       cust_state,
```

```
                            cust_zip,
                            cust_country)
VALUES (1000000006,
        'Toy Land',
        '123 Any Street',
        'New York',
        'NY',
        '11111',
        'USA');
```

☑ 설명 ▼

이전에 보여줬던 예제에서는 cust_contact, cust_email이라는 두 개의 열에 값을 지정하지 않았다. INSERT 문에서 이 열을 포함할 이유가 없기 때문에 그 두 개의 열과 그 열에 대응하는 값을 누락시켰다.

> ⚠ **열 생략하기**
>
> 테이블 정의에서 허용하는 열만 INSERT 문에서 생략할 수 있는데, 다음에 나오는 조건 중 하나는 존재해야 한다.
>
> - 열을 정의할 때 NULL 값을 허용한다.
> - 테이블 정의에 기본값이 설정되어, 값이 명시되지 않으면 기본값으로 삽입된다.
>
> ⚠ **필수적인 값을 누락하면 안 된다.**
>
> NULL을 허용하지 않고, 기본값이 없는 열값을 누락시킨 경우에는 DBMS에서 에러 메시지를 출력하고 그 행은 삽입되지 않는다.

검색 결과 삽입하기

보통은 특정한 값을 삽입할 때 INSERT 문을 사용하지만, SELECT 문에서 가져온 결과를 테이블에 넣는 형태도 있다. 이건 INSERT SELECT 문인데, 이름에서 유추할 수 있는 것처럼 INSERT 문과 SELECT 문으로 구성된다.

여러분이 어떤 테이블에서 고객 목록을 가져와 Customers 테이블에 넣고 싶다고 가정해보자. 한 번에 하나의 행을 읽고, 삽입하는 대신 다음과 같이 실행할 수 있다.

→ 입력 ▼

```
INSERT INTO Customers (cust_id,
                       cust_contact,
                       cust_email,
                       cust_name,
                       cust_address,
                       cust_city,
                       cust_state,
                       cust_zip,
                       cust_country)
SELECT cust_id,
       cust_contact,
       cust_email,
       cust_name,
       cust_address,
       cust_city,
       cust_state,
       cust_zip,
       cust_country
FROM CustNew;
```

☑ 설명 ▼

이 문장은 INSERT SELECT 문을 사용해서 CustNew에 있는 모든 데이터를 Customers로 가져온다. 또 VALUES로 넣을 데이터를 나열하는 대신에, SELECT 문으로 CustNew에서 값을 가져온다. SELECT 절에 있는 각 열은 열 목록에 대응된다. 이 문장을 수행하면 몇 개의 행이 삽입될까? 그것은 CustNew 테이블에 있는 행의 수에 따라 다르다. 테이블이 비어 있다면, 아무런 행도 삽입되지 않을 것이다(작업은 유효하므로 에러가 발생하지는 않는다). 반면 테이블에 데이터가 있다면, 모든 데이터는 Customers에 삽입된다.

> **🖉 예제를 위한 안내**
>
> 이 예제는 CustNew라는 테이블에서 데이터를 가져와 Customers 테이블에 넣는다. 이 예제를 실행하려면 먼저 CustNew 테이블을 생성한 후 데이터를 준비해야 한다(테이블 생성은 17장에서 다룬다. 여기서는 이런 개념이 있다는 정도로 알아두고 넘어가도 좋다. 물론 자신 있는 분들은 직접 테이블을 생성한 뒤, 데이터를 입력해 불러와도 좋다). CustNew 테이블의 형식은 Customers 테이블의 형태와 같아야 한다. Custormers 테이블은 부록 A. 샘플 테이블 스크립트에 설명되어 있다.

> ### 💡 INSERT SELECT 안의 열 이름
>
> 이 예제에서는 INSERT와 SELECT 문에서 모두 같은 열 이름을 사용한다. 하지만 열 이름이 반드시 같아야 할 필요는 없다. 사실, DBMS는 SELECT 문으로 반환되는 열 이름에는 신경 쓰지 않는다. 그보다는 열의 위치를 사용한다. 즉, SELECT 문의 첫 번째 열(이름과는 관계없이)은 첫 번째 지정된 테이블의 열로 들어가고, 그 이후도 마찬가지로 동작한다.

INSERT SELECT 문에서 사용하는 SELECT 문에서는 WHERE 절을 사용해서 가져오는 데이터를 필터링한 후 삽입할 수도 있다.

> ### 💡 여러 개의 행 삽입하기
>
> INSERT 문은 보통 하나의 행을 삽입하기 때문에 여러 개의 행을 삽입하려면 INSERT 문을 여러 번 실행해야 한다. 이때 INSERT SELECT 문을 사용하면, 결과로 가져오는 행을 모두 삽입하기 때문에 하나의 문장으로 여러 행을 삽입할 수 있다.

다른 테이블로 복사하기

INSERT 문을 전혀 사용하지 않고 데이터를 삽입할 수 있는 또 다른 방법이 있다. 테이블에 있는 내용을 완전히 새로운 테이블(테이블을 바로 생성하여)에 복사할 때 CREATE SELECT 문(SQL Sever를 사용한다면 SELECT INTO 문)을 사용하는 것이다.

> ### ✏️ 지원하지 않는 Db2
>
> Db2는 여기서 설명하는 CREATE SELECT 문을 지원하지 않는다.

이미 존재하는 테이블에 데이터를 추가하는 INSERT SELECT 문과는 달리 CREATE

SELECT 문은 새로운 테이블에 데이터를 복사한다(그리고 사용하는 DBMS에 따라 테이블이 존재한다면 덮어쓸 수도 있다).

다음 예는 CREATE SELECT 문을 사용하는 방법이다.

⬆️ 입력 ▼　　　　　　　　　　　　　　　　　　　　　　　　　　　실습하기

```
CREATE TABLE CustCopy AS SELECT * FROM Customers;
```

➡️ 결과 ▼

Table created.

> **💡 CustCopy 확인하기**
> SELECT 문으로 CustCopy 테이블을 확인해 보자.

SQL Server를 사용한다면 다음 문법을 사용한다.

⬆️ 입력 ▼

```
SELECT * INTO CustCopy FROM Customers;
```

☑️ 설명 ▼

이 SELECT 문은 CustCopy라는 새로운 테이블을 생성하고, Customers 테이블에 있는 내용 전체를 복사한다. SELECT *가 사용되었기에 Customers 테이블에 있는 모든 열이 CustCopy 테이블에 생성된다. 몇 개의 열만 복사하려면, *라는 와일드카드 문자 대신에 열 이름을 적으면 된다.

SELECT INTO는 다음과 같은 특징이 있다.

- WHERE나 GROUP BY 절과 같은 SELECT 문의 옵션을 모두 사용할 수 있다.
- 여러 테이블에 있는 데이터를 삽입하기 위해 조인을 사용할 수 있다.
- 데이터를 가져온 테이블 수와는 관계없이, 가져온 데이터는 하나의 테이블에 삽입된다.

> ### 💡 테이블 복사하기
>
> 앞서 설명된 기술은 새로운 SQL 문을 사용하기 전에, SELECT INTO로 테이블을 복사하여 테스트할 수 있는 매우 좋은 방법이다. 테이블을 먼저 복사하고, 원본 데이터가 있는 테이블 대신에 복사한 테이블에서 SQL 문을 테스트한다.
>
> ### ✏️ 다른 예제
>
> INSERT 문 사용법에 대한 다른 예제를 원한다면, 부록 A의 다른 샘플 테이블을 참고하자.

정리해보자!

이번 장에서는 데이터베이스 테이블에 행을 삽입하기 위해 INSERT 문을 사용하는 다양한 방법을 배웠고, 열 이름을 명시하는 것이 좋은 이유도 알아보았다. 그리고 다른 테이블에서 행을 가져오기 위해 INSERT SELECT 문을 사용하는 방법과 새로운 테이블에 행을 내보내기 위해 SELECT INTO를 사용하는 방법도 학습했다. 다음 장에서는 테이블 데이터를 조작할 때 사용하는 UPDATE, DELETE의 사용법을 살펴본다.

도전 과제   실습하기

1. INSERT 문과 지정된 열을 사용해 여러분의 정보를 Customers 테이블에 만들어 보자. 여러분이 필요한 만큼 덧붙일 열을 추가하도록 하자.

2. Orders와 OrderItems 테이블의 백업용 사본을 만들어라.

16장

데이터 업데이트와 삭제

이 장에서는 UPDATE와 DELETE 문을 사용해 테이블 데이터를 조작하는 방법을 학습한다.

데이터 업데이트

테이블에 있는 데이터를 업데이트(수정)하기 위해 UPDATE 문을 사용한다.

UPDATE 문을 사용하는 방법엔 다음 두 가지가 있다.

- 테이블에 있는 특정 행 업데이트
- 테이블에 있는 모든 행 업데이트

이제 각각의 방법을 살펴보자.

> ⚠ **WHERE 절을 누락하지 말기!**
>
> UPDATE 문을 사용할 때 실수로 테이블에 있는 모든 행을 업데이트할 수 있으니 매우 주의해야 한다. UPDATE를 정확히 이해하고, UPDATE 문을 사용하는 것이 좋다.

> ### ♀ UPDATE 문과 보안
>
> UPDATE 문을 사용하려면 특별한 보안 권한이 필요할 수도 있다. UPDATE를 사용하기 전에 적절한 권한을 가졌는지 확인하자.

UPDATE 문은 사용하기 매우 쉽다. UPDATE 문의 기본 형태는 다음과 같이 세 가지 부분으로 이루어져 있다.

- 업데이트할 테이블
- 열 이름과 새로운 값
- 어떤 행이 업데이트되어야 하는지를 지정하는 필터 조건

간단한 예제를 살펴보자. 고객 ID가 1000000005인 고객의 이메일 주소가 없었지만, 새로운 이메일 주소를 추가하여 그 레코드를 업데이트한다고 가정한 상황이다.

➜ 입력 ▼   실습하기

```
UPDATE Customers
SET cust_email = 'kim@thetoystore.com'
WHERE cust_id = 1000000005;
```

➡ 결과 ▼

```
1 row(s) updated.
```

UPDATE 문은 항상 업데이트할 테이블 이름으로 시작하는데, 이 예제에서는 Customers 테이블이다. SET 명령은 열을 새로운 값으로 설정한다. 이 SET 절은 cust_email을 새로운 값으로 지정하였다.

```
SET cust_email = 'kim@thetoystore.com'
```

UPDATE 문은 DBMS가 어떤 행을 업데이트해야 하는지 알려 주는 WHERE 절로 끝난다. WHERE 절이 없다면 DBMS는 Customers 테이블에 있는 모든 행을 새로운

이메일 주소로 업데이트할 것이다. 그 결과 원치 않는 결과를 얻게 된다.

여러 열을 업데이트하는 문법은 다음과 같이 조금 다르다.

➡️ 입력 ▼   실습하기

```
UPDATE Customers
SET cust_contact = 'Sam Roberts',
    cust_email = 'sam@toyland.com'
WHERE cust_id = 1000000006;
```

➡️ 결과 ▼

1 row(s) updated.

여러 열을 업데이트할 때도 SET 절은 한 번만 사용하지만, '열 = 값'의 쌍은 콤
마(,)로 구분해 나열해야 한다(마지막 열에는 콤마를 적을 필요가 없다). 이 예
제에서는 ID가 1000000006인 고객의 cust_contact 열과 cust_email 열이 업데
이트될 것이다.

열값을 삭제하려면 열에 NULL(테이블이 NULL 값을 허용하도록 정의된 경우)을
설정하면 된다.

⇥ 입력▼ 실습하기

```
UPDATE Customers
SET cust_email = NULL
WHERE cust_id = 1000000005;
```

⇨ 결과▼

1 row(s) updated.

NULL 키워드는 cust_email 열에 어떤 값도 저장하지 않기 위해 사용한다. 빈 문
자열(빈 문자열은 ''로 지정된다)을 저장하는 것과는 다르게 NULL은 아무런 값
도 가지지 않는다는 것을 의미한다.

데이터 삭제

테이블에서 데이터를 삭제하기 위해 DELETE 문을 사용할 수 있다. DELETE 문은
두 가지 방법으로 사용한다.

- 테이블에 있는 특정 행 삭제
- 테이블에 있는 모든 행 삭제

⚠ WHERE 절을 누락하지 말기!

DELETE를 사용할 때 실수로 테이블에 있는 모든 행을 삭제할 수 있으니 주의해야 한다.
DELETE의 특징을 잘 이해하고, DELETE 문을 사용하도록 하자.

💡 DELETE 문과 보안

DELETE 문을 사용하려면 특별한 보안 권한이 필요할 수도 있다. DELETE를 사용하기 전
에 적절한 권한을 가졌는지 확인해보자.

이미 UPDATE 문이 매우 사용하기 쉽다고 말한 바 있는데, 좋은 소식은 DELETE 문은 그보다 더 쉽다는 것이다. 다음 예제를 수행하면, Customers 테이블에서 하나의 행을 삭제한다.

⤷ 입력 ▼   `실습하기`

```
DELETE FROM Customers
WHERE cust_id = 1000000006;
```

⤷ 결과 ▼

1 row(s) deleted.

이 문장은 설명이 필요 없을 정도로 간단하다. DELETE FROM에는 데이터를 삭제할 테이블 이름을 적고, WHERE 절에는 어떤 행을 삭제할지에 대한 조건을 적는다. 이 예제에서는 고객 ID가 1000000006인 고객만 삭제하겠지만, 만약 WHERE 절을 쓰지 않았다면 테이블에 있는 모든 고객 데이터가 삭제되었을 것이다.

> **💡 외래 키**
>
> 조인은 12장 "테이블 조인"에서 소개하였는데, 당시에 두 개의 테이블을 조인할 때는 두 테이블 모두에 있는 공통된 필드가 필요하다고 배웠다. 하지만 외래 키를 이용하여 DBMS 관계를 설정할 수도 있다(부록 A "샘플 테이블 스크립트"에서 설정 방법을 볼 수 있다). DBMS는 외래 키를 참조 무결성을 위해 사용한다. 예를 들어 Products 테이블에 새로운 행을 하나 추가하려고 할 때, vend_id 열이 외래 키로 Vendors 테이블과 연결되어 있기 때문에 모르는 판매처 ID를 추가하면 DBMS가 삽입을 허용하지 않는다. 그렇다면 DELETE 문에서는 어떻게 동작할까? 외래 키의 장점은 참조 무결성을 보장하기 위해 관계에 필요한 행을 삭제하지 못하도록 막는다는 점이다. 다시 예를 들어 OrderItems에서 사용하는 제품을 Products 테이블에서 삭제한다고 하자. 이때 DELETE 문은 에러가 발생하고 해당 행은 삭제되지 않을 것이다. 이런 이유로 외래 키는 항상 정의하는 것이 좋다.

> ♀ **FROM 키워드**
>
> 일부 SQL 실행 환경에서는 DELETE 문 뒤에 있는 FROM 키워드를 사용하지 않아도 된다.
> 하지만 이 키워드는 꼭 사용하는 게 좋다. 그래야 SQL 코드를 다른 DBMS에 이식할 때
> 도 문제가 발생하지 않기 때문이다.

DELETE 문에서는 열 이름이나 와일드카드 문자를 사용하지 않는다. DELETE는
열이 아니라 전체 행을 삭제하므로, 특정 열을 삭제하려면 UPDATE 문을 사용해
야 한다.

> ✏️ **DELETE는 테이블이 아니라 테이블 내용을 삭제한다.**
>
> DELETE 문은 테이블에서 행을 삭제한다. 심지어 테이블에 있는 모든 행을 삭제할 수도
> 있다. 하지만 DELETE 문은 테이블에 있는 내용을 삭제하는 것이지 테이블 자체는 삭제
> 하지 않는다는 것을 기억하자.
>
> ♀ **빠른 삭제**
>
> 테이블에 있는 모든 행을 삭제하고 싶다면 DELETE 문을 사용하지 말고, 대신 TRUN
> CATE TABLE 문을 사용하자. 똑같이 삭제 작업을 하지만 훨씬 더 빠르다(데이터 변경 기
> 록이 남지 않기 때문에 더 빠르게 작동한다).

업데이트와 삭제에 관한 가이드라인

앞서 나온 UPDATE와 DELETE 문은 모두 WHERE 절을 가지고 있고, 거기에는 이유
가 있다. WHERE 절을 생략하면 UPDATE나 DELETE는 테이블에 있는 모든 행에 적
용된다. 즉, WHERE 절 없이 UPDATE를 실행하면 테이블에 있는 모든 행은 새로운
값으로 업데이트될 것이고, DELETE는 테이블에 있는 모든 행을 삭제할 것이다.
그런 위험한 동작이 일어나지 않도록 WHERE 절을 함께 사용한다.

  다음은 SQL 개발자들이 따라야 할 중요한 가이드라인이다.

- 모든 행을 업데이트하거나 삭제하려는 의도가 없는 한, WHERE 절 없이 절대로 UPDATE나 DELETE를 사용하면 안 된다.
- 모든 테이블이 기본 키를 가졌는지 확인한다(기본 키에 대해 잊었다면 12장을 살펴본다). 그리고 가능한 한 WHERE 절에서 기본 키를 사용하라(하나 또는 여러 개의 기본 키를 지정하거나, 범위를 지정하여 사용할 수 있다).
- UPDATE나 DELETE 문에서 WHERE 절을 사용하기 전에 먼저 SELECT 문으로 테스트해서 올바른 행이 검색되는지 확인한다. 잘못된 WHERE 절을 사용하기가 매우 쉽다.
- 데이터베이스 참조 무결성을 사용한다(역시 12장을 확인한다). 그러면, 다른 테이블과 연결된 행은 DBMS가 함부로 삭제하지 못한다.
- 일부 DBMS는 데이터베이스 관리자가 WHERE 절 없이 UPDATE나 DELETE를 수행할 수 없게 한다. 만약, 여러분이 사용하고 있는 DBMS가 이런 기능을 지원한다면 이 기능을 사용하도록 하자.

가장 중요한 것은 SQL은 실행취소 버튼이 없다는 것이다. 그래서 UPDATE와 DELETE 문을 사용할 때는 매우 주의를 기울여야 한다. 그렇지 않으면 잘못된 데이터를 업데이트하거나 삭제할 수 있다.

정리해보자!

이번 장에서는 테이블에 있는 데이터를 조작할 때 사용하는 UPDATE와 DELETE 문의 문법 및 내재하는 위험성을 살펴보았다. 또한, UPDATE와 DELETE 문에서 WHERE 절이 왜 중요한지도 알아보았다. 한편 부주의로 데이터를 손상시키지 않기 위해 준수하여야 할 가이드라인도 제공하였다.

도전 과제

실습하기

1. 미국 주의 약어는 항상 대문자여야 한다. 판매처의 주(Vendors에 있는 vend_state)와 고객의 주(Customers에 있는 cust_state)를 모두 대문자로 업데이트하는 SQL 문을 작성하라.

2. 15장의 도전 과제 1에서 고객 테이블에 여러분의 정보를 추가해 달라고 요청하였다. 이제 그 추가한 부분을 삭제해 보자. WHERE 절을 꼭 사용해야지, 그렇지 않으면 모든 고객을 삭제해 버릴 것이다(DELETE 문을 사용하기 전에 SELECT 문으로 테스트해 보길 권한다).

17장

테이블 생성과 조작

이 장에서는 테이블 생성, 변경 그리고 삭제하는 방법을 학습한다.

테이블 생성

SQL은 테이블에 있는 데이터를 조작하기 위해서만 사용하는 것이 아니다. 테이블 생성과 변경과 같은 데이터베이스와 테이블 작업을 수행할 때도 사용할 수 있다. 일반적으로 데이터베이스 테이블을 생성하는 데는 두 가지 방법이 있다.

- 대다수 DBMS는 데이터베이스 테이블을 생성하고 관리할 수 있는 대화형 관리 툴을 제공한다.
- SQL 문으로 테이블을 직접 생성하고 관리한다.

테이블을 생성하려면 CREATE TABLE이라는 SQL 문을 사용한다. 여러분이 DBMS에서 제공하는 대화형 관리 툴을 사용할 때도 실제로는 SQL 문을 사용한다는 것을 기억할 필요가 있다. 이 경우 SQL 문을 직접 쓰는 대신에 관리 툴 인터페이스가 SQL 문을 생성하고 실행해준다(존재하는 테이블에 변경을 가할 때도 마찬가지이다).

> ⚠️ **문법 차이**
>
> CREATE TABLE 문의 문법은 SQL 실행 환경마다 매우 다르다. 정확한 문법과 지원하는
> 기능에 대해 좀 더 알고 싶다면, 여러분이 사용하는 DBMS의 매뉴얼을 살펴보기 바란다.

테이블을 생성할 때 사용할 수 있는 모든 옵션을 다루는 것은 이 장의 범위를
넘어서기에, 여기서는 기본적인 사항만 다룬다. 여러분이 좀 더 자세한 정보를
얻고 싶다면, 사용하는 DBMS의 매뉴얼을 살펴보기 바란다.

> ✏️ **DBMS별 예제**
>
> 특정한 DBMS의 CREATE TABLE 문을 확인하려면 부록 A "샘플 테이블 스크립트"에 있
> 는 테이블 생성 스크립트를 참고하자.

기본 테이블 생성

CREATE TABLE을 사용해서 테이블을 생성할 때 다음 규칙이 준수되어야 한다.

- CREATE TABLE 문 뒤에 새로운 테이블 이름을 적는다.
- 테이블 이름과 정의를 콤마(,)로 구분하여 적는다.
- 일부 DBMS에서는 테이블의 위치도 명시해야 한다(테이블을 생성할 특정
  데이터베이스).

다음은 이 책 전반에 걸쳐서 사용했던 Products 테이블을 생성하는 SQL 문이다.

➡️ 입력 ▼

```
CREATE TABLE Products
(
  prod_id      CHAR(10)        NOT NULL,
  vend_id      CHAR(10)        NOT NULL,
  prod_name    CHAR(254)       NOT NULL,
  prod_price   DECIMAL(8,2)    NOT NULL,
  prod_desc    VARCHAR(1000)   NULL
);
```

☑ **설명 ▼**

> CREATE TABLE 키워드 바로 뒤에 테이블 이름이 나오고, 실제 테이블 정의(열 정의)는 괄호에 둘러싸여 있다. 열은 콤마 기호(,)로 구분된다. 이 테이블은 다섯 개의 열로 구성되어 있다. 각 열의 정의는 열 이름(테이블 안에서 고유해야 하는)으로 시작하고, 그다음에는 열의 데이터형이 나온다(데이터형에 대한 설명은 1장을 참고하라. 추가로 부록 D "SQL 데이터형"에는 자주 사용하는 데이터형과 호환성 이슈가 나와 있다). 전체 문장은 괄호와 세미콜론 기호(;)로 끝난다.

앞서 말한 것처럼 **CREATE TABLE** 문은 DBMS마다 매우 다르다. 그래서 앞의 예제는 대부분의 DBMS에서는 동작하겠지만, Db2에서는 마지막 열에 있는 **NULL**을 지워야 한다. 이 때문에 각 DBMS에 맞는 SQL 테이블 생성 스크립트도 존재한다(부록 A에서 설명한다).

💡 **문장 형식**

기억할지 모르겠지만, SQL 문은 공백 문자를 무시하기 때문에 SQL 문을 하나의 긴 문장으로 작성하거나, 여러 줄로 나눠서 입력할 수 있다. 여러 줄로 SQL을 작성하는 것은 SQL 문을 사용하기 편하게 해준다. 바로 앞에 나온 **CREATE TABLE** 문이 SQL 문 형식의 좋은 예인데, 코드가 여러 줄로 적혀 있어 열에 대한 정의를 읽고 수정하기가 쉽다. SQL 문을 작성하는 것은 순전히 여러분의 몫이지만 이런 방식을 권유하고 싶다.

💡 **존재하는 테이블 이름을 사용하면 안 된다.**

새로운 테이블을 생성할 때, 존재하는 테이블 이름을 사용하면 에러가 발생한다. 실수로 덮어쓰는 것을 막기 위해, SQL은 테이블을 직접 삭제하고 다시 만들도록 유도한다. 따라서 이미 존재하는 테이블 이름을 사용하여 테이블을 덮어쓸 수는 없다.

NULL 값 사용하기

4장 "데이터 필터링"에서 NULL은 값이 없는 것이라고 배웠다. NULL을 허용하는 열은 그 열에 아무런 값을 넣지 않아도 행 삽입이 허용된다. 반면 NULL을 허용하지 않는 열은 값이 없는 행을 허용하지 않는다. 즉, 행이 삽입되거나 업데이트될 때 그 열이 꼭 필요하다는 의미이다.

모든 테이블 열은 NULL이나 NOT NULL 열이고, 그것은 테이블이 생성되는 시점에 테이블 정의에서 결정된다. 다음 예제를 보자.

➡ 입력 ▼

```
CREATE TABLE Orders
(
    order_num    INTEGER    NOT NULL,
    order_date   DATETIME   NOT NULL,
    cust_id      CHAR(10)   NOT NULL
);
```

☑ 설명 ▼

이 문장은 책 전반에 걸쳐 사용하였던 Orders 테이블을 생성하는 문이다.

Orders는 주문 번호, 주문 날짜, 고객 ID라는 세 개의 열을 가지고 있다. 이 세 개의 열은 모두 필수이기 때문에 각 열에 NOT NULL이라는 키워드가 적혀 있다. 이 키워드는 값이 없는 열이 삽입되는 것을 막는다. 그래서 누군가 값없이 삽입하려고 하면 에러가 발생하고, 행 삽입은 실패한다.

다음 예제는 NULL과 NOT NULL 열이 섞여 있는 테이블의 생성문이다.

➡ 입력 ▼

```
CREATE TABLE Vendors
(
  vend_id       CHAR(10)   NOT NULL,
  vend_name     CHAR(50)   NOT NULL,
  vend_address  CHAR(50)   ,
  vend_city     CHAR(50)   ,
  vend_state    CHAR(5)    ,
  vend_zip      CHAR(10)   ,
  vend_country  CHAR(50)
);
```

☑ 설명 ▼

이 문장도 책 전반에 걸쳐 사용했던 Vendors 테이블을 생성하는 문장이다. 판매처 ID와 판매처명은 필수이기 때문에 NOT NULL로 지정하였지만, 나머지 다섯 개의 열은 NULL 값이 허용되므로 NOT NULL을 적지 않았다. NULL이 기본값으로 설정되어 있기 때문에 아무것도 적지 않으면 NULL로 가정된다.

> ⚠️ **NULL 명시**
>
> 대부분의 DBMS는 NOT NULL이 없으면 NULL로 인식하지만, 모든 DBMS가 다 그런 것
> 은 아니다. 일부 DBMS는 NULL 키워드를 쓰지 않으면 에러가 발생한다. 정확한 문법을
> 알고 싶다면, 여러분이 사용하는 DBMS의 매뉴얼을 살펴보기 바란다.
>
> 💡 **기본 키와 NULL 값**
>
> 1장에서 기본 키가 테이블에서 각 행을 구별해주는 고유한 값을 가지는 열이라고 배웠다.
> NULL 값을 허용하지 않는 열만 기본 키로 사용할 수 있다. 아무런 값을 가지지 않을 수
> 있는 열은 고유한 구별자로 사용할 수 없기 때문이다.
>
> ⚠️ **NULL 이해하기**
>
> NULL 값과 빈 문자열을 혼동해서는 안 된다. NULL은 아직 값이 없는 것이지 빈 문자열이
> 아니다. 두 개의 작은따옴표('', 둘 사이에 아무것도 없는 작은따옴표)는 NOT NULL 열에
> 허용되는 값이다. 빈 문자열은 유효한 값이므로 값이 없다는 의미가 아니다. NULL 값은
> NULL 키워드로 명시하지만, 빈 문자열로는 표시하지 않는다는 점에 주의하자. 예를 들
> 어 판매처 테이블의 우편번호가 NULL이라면, 우편번호가 없다는 게 아니라 현재 시점에
> 서 그 판매처의 우편번호를 모른다는 의미이다.

기본값 지정하기

SQL에서는 행을 삽입할 때 값이 없으면 자동으로 들어가는 기본값을 지정할
수 있다. 기본값은 CREATE TABLE 문에서 열을 정의할 때 DEFAULT 키워드를 사용
해서 지정한다. 다음 예제를 보자.

🔁 **입력 ▼**

```
CREATE TABLE OrderItems
(
  order_num    INTEGER        NOT NULL,
  order_item   INTEGER        NOT NULL,
  prod_id      CHAR(10)       NOT NULL,
  quantity     INTEGER        NOT NULL DEFAULT 1,
  item_price   DECIMAL(8,2)   NOT NULL
);
```

☑ 설명 ▼

이 문장은 OrderItems 테이블을 생성하는데, 이 테이블은 각 주문에 대한 개별 항목을 저장한다(주문 자체는 Orders 테이블에 저장된다). quantity 열은 주문에 있는 각 아이템의 수량을 저장한다. 이 예제에서는 열 정의에 DEFAULT 1이 추가되었는데, 이는 수량이 지정되지 않으면 1이 자동으로 들어가도록 한다.

기본값은 날짜나 시간 열에서도 자주 사용한다. 예를 들어 시스템 날짜를 가져오는 함수나 변수를 사용하여 행을 삽입하는 시점의 날짜와 시간을 기본값으로 지정할 수 있다. MySQL 사용자는 DEFAULT CURRENT_DATE( )를, Oracle 사용자는 DEFAULT SYSDATE를, 그리고 SQL Server 사용자는 DEFAULT GETDATE( )를 이용하여 시스템 날짜를 가져올 수 있다. 안타깝게도 시스템 날짜를 얻는 데 사용하는 명령어는 DBMS마다 다르다. 표 17-1에 자주 사용하는 DBMS의 문법을 적어 놓았다. 만약 여러분이 사용하는 DBMS가 표에 없다면, 사용하는 DBMS의 매뉴얼을 살펴보기 바란다.

DBMS	함수 / 변수
Db2	CURRENT_DATE
MySQL	CURRENT_DATE( ) 또는 Now( )
Oracle	SYSDATE
PostgreSQL	CURRENT_DATE
SQL Server	GETDATE( )
SQLite	date('now')

표 17-1 시스템 날짜를 가져오기

> ♥ NULL 값 대신 기본값 사용하기
>
> 많은 데이터베이스 개발자들은 NULL 열 대신 기본값을 선호하는데, 특히 계산이나 데이터 그룹핑에 사용한다.

테이블 변경하기

테이블 정의를 업데이트할 때 ALTER TABLE 문을 사용한다. 모든 DBMS가 ALTER TABLE을 지원하지만, 바꿀 수 있는 항목은 DBMS에 따라 다르다. 다음은 ALTER TABLE을 사용할 때 고려해야 할 점이다.

- 기본적으로 데이터가 있는 테이블은 변경해서는 안 된다. 테이블을 설계할 때 시간을 충분히 할애하여, 미래의 필요를 예측하도록 하자. 나중에 많은 변경이 필요하지 않도록 해야 한다는 뜻이다.
- 모든 DBMS는 존재하는 테이블에 열을 추가하는 것은 허용하지만, 추가하는 열의 데이터형에 몇 가지 제약을 둔다.
- 다수의 DBMS는 테이블에 있는 열을 제거하거나 변경하는 것을 허용하지 않는다.
- 대부분의 DBMS는 열 이름의 변경은 허용한다.
- 다수의 DBMS는 데이터가 있는 열을 변경하는 것은 제한하고, 데이터가 없는 열을 변경하는 것에는 제한 사항을 많이 두지 않는다.

이처럼 존재하는 테이블을 변경하는 것은 간단하지도, 일관성이 있지도 않다. 어떤 항목을 바꿀 수 있는지 정확히 확인하려면, 사용하는 DBMS의 매뉴얼을 살펴보기 바란다.

ALTER TABLE을 이용하여 테이블을 변경하기 위해서는 다음 정보를 반드시 적어야 한다.

- ALTER TABLE 문 뒤에 변경할 테이블 이름을 적는다(테이블이 존재하지 않으면 에러가 발생한다).
- 변경할 사항을 나열한다.

존재하는 테이블에 열을 추가하는 것은 모든 DBMS가 지원하는 유일한 작업이다.

➡️ **입력 ▼**   실습하기

```
ALTER TABLE Vendors
ADD vend_phone CHAR(20);
```

➡️ **결과 ▼**

Table altered.

☑️ **설명 ▼**

이 문장은 Vendors 테이블에 vend_phone이라는 열을 추가한다. 데이터형은 반드시 지정해야 한다.

열을 수정하거나 삭제하는 것 또는 제약 사항이나 키를 추가하는 등의 다른 변경 작업도 비슷한 문법을 사용한다(다음 예제는 모든 DBMS에서 동작하지 않는다는 것을 미리 밝혀 둔다).

➡️ **입력 ▼**   실습하기

```
ALTER TABLE Vendors
DROP COLUMN vend_phone;
```

➡️ **결과 ▼**

Table altered.

복잡한 테이블 구조를 변경하려면, 보통 다음 순서대로 진행해야 한다.

1. 새로운 열 구조를 가진 새 테이블을 생성한다.
2. INSERT SELECT 문(이 문에 대한 자세한 내용은 15장 "데이터 삽입하기" 참조)을 사용하여 이전의 테이블에 있는 데이터를 새로운 테이블에 복사한다. 필요하다면 변환 함수나 계산 필드를 사용한다.
3. 새로운 테이블에 원하는 데이터가 있는지 확인한다.
4. 이전 테이블의 이름을 변경한다(또는 과감히 삭제한다).
5. 새로운 테이블을 이전에 사용한 테이블 이름으로 변경한다.
6. 필요하다면 트리거, 저장 프로시저, 인덱스, 외래 키 등을 다시 생성한다.

> ✏️ **ALTER TALBE과 SQLite**
>
> SQLite는 ALTER TABLE을 사용하여 수행하는 작업에 제한을 둔다. 중요한 제한 중 한 가지는 기본 키나 외래 키로 정의한 열에는 ALTER TABLE을 사용할 수 없다는 점이다. 기본 키나 외래 키 열은 최초 테이블을 생성하는 시점에 정의되어야 한다.

> ⚠️ **ALTER TABLE 문을 신중히 사용하라.**
>
> ALTER TABLE을 사용할 때는 매우 신중해야 한다. 작업 전에 완벽히 백업(스키마와 데이터 모두)했는지 확인한다. 데이터베이스 테이블 변경은 되돌릴 수 없는 작업이다. 필요 없는 열이 추가되었다면 그 열을 제거할 수는 있다. 하지만 실수로 필요한 열을 삭제한다면, 그 열에 있는 데이터는 모두 잃게 될 것이다.

테이블 삭제하기

테이블을 삭제하는 것(내용을 삭제하는 것만이 아니라 실제 테이블 전체를 삭제하는 것)은 매우 쉽다. DROP TABLE 구문을 사용하면 된다.

➡️ **입력 ▼**   실습하기

```
DROP TABLE CustCopy;
```

➡️ **결과 ▼**

Table dropped.

☑ **설명 ▼**

이 문장은 15장에서 생성했던 CustCopy 테이블을 삭제한다. 확인 절차도 명령을 되돌릴 방법도 없다. 이 문장을 실행하면 테이블은 완전히 삭제된다.

> 💡 **실수로 테이블을 삭제하지 못하도록 관계 규칙을 사용하라.**
>
> 많은 DBMS가 여타 다른 테이블과 관련된 테이블은 삭제하지 못하게 규칙을 정할 수 있도록 한다. 규칙을 설정하면 그 관계를 삭제하기 전까지 DBMS가 관련된 테이블을 삭제

하지 못하게 막는다. 가능하면 규칙을 사용하는 것이 좋다. 그러면 필요한 테이블을 실수로 삭제하지 않을 수 있다.

테이블 이름 바꾸기

테이블 이름을 바꾸는 것은 DBMS마다 아주 다르게 지원한다. 이 작업에는 어려운 것도 빠른 표준도 없다. Db2, MariaDB, MySQL, Oracle, PostgreSQL 사용자들은 RENAME 문장을 사용할 수 있고, SQL Server 사용자들은 sp_rename이라는 저장 프로시저를 사용할 수 있다. SQLite는 ALTER TABLE 문으로 테이블 이름을 바꿀 수 있다.

테이블 이름을 바꾸기 위한 기본 문법은 이전의 테이블 이름과 새로운 테이블 이름을 모두 적는 것이다. 하지만, DBMS마다 다르므로 지원하는 문법을 자세히 알려면 사용하는 DBMS의 매뉴얼을 살펴보기 바란다.

정리해보자!

이번 장에서는 여러 가지 새로운 SQL 문을 배웠다. CREATE TABLE 문은 새로운 테이블을 생성하기 위해 사용하고, ALTER TABLE 문은 테이블 정의를 변경하기 위해 사용한다(또는 제약 사항이나 인덱스와 같은 다른 객체를 변경하기 위해). 그리고 DROP TABLE은 테이블을 완전히 삭제하기 위해 사용한다. 이 명령문들을 사용할 때는 매우 신중해야 하고, 백업을 만들어 놓은 후에 작업하는 것이 좋다. 정확한 문법은 DBMS마다 다르다.

도전 과제

실습하기

1. Vendors 테이블에 웹사이트 열(vend_web)을 추가하라. 필드는 URL이 충분히 들어갈 수 있을 정도로 커야 한다.

2. Vendors 테이블을 업데이트하여 웹사이트를 추가하라(어떤 주소를 사용하든지 괜찮다).

뷰 사용하기

이 장에서는 뷰가 무엇이고, 어떻게 동작하는지 그리고 뷰를 언제 사용해야 하는지 학습한다. 또한, 이전 장에서 수행했던 SQL 작업을 뷰를 사용하여 단순화하는 방법도 살펴볼 것이다.

뷰 이해하기

뷰는 가상 테이블이다. 데이터를 가진 테이블과는 달리, 뷰는 사용될 때, 동적으로 데이터를 가져오는 쿼리들을 담고 있을 뿐이다.

> ✏ **SQLite에서의 뷰**
>
> SQLite는 읽기 전용 뷰만 지원하기에 뷰를 생성하고 읽을 수는 있으나, 내용은 업데이트 할 수 없다.

뷰를 이해하기 위해 예제를 살펴보자. 12장에서 살펴본 세 개의 테이블에서 데이터를 가져오기 위해 다음과 같은 SELECT 문을 사용하였다.

⇥ 입력 ▼　　　　　　　　　　　　　　　　　　　　　　　　　　　　　　실습하기

```
SELECT cust_name, cust_contact
FROM Customers, Orders, OrderItems
WHERE Customers.cust_id = Orders.cust_id
  AND OrderItems.order_num = Orders.order_num
  AND prod_id = 'RGAN01';
```

이 쿼리는 특정한 제품을 주문한 고객 목록을 가져오기 위해 사용했다. 이 데이터가 필요한 사람은 테이블 구조를 이해하고 있고, 쿼리를 생성하는 방법과 조인하는 방법을 알고 있을 것이다. 다른 제품(또는 여러 제품)에서 같은 데이터를 가져오려면 마지막에 있는 WHERE 절을 변경해야 한다.

ProductCustomers라는 가상 테이블로 전체 쿼리를 묶을 수 있다고 해보자. 이제 같은 데이터를 가져오려면, 다음과 같이 입력한다.

⇥ 입력 ▼

```
SELECT cust_name, cust_contact
FROM ProductCustomers
WHERE prod_id = 'RGAN01';
```

ProductCustomers는 뷰이고, 어떠한 열이나 데이터를 갖고 있지 않다. 대신 테이블을 적절히 조인하기 위해 위에서 사용한 것과 같은 쿼리를 갖고 있다.

> **💡 일관된 문법**
>
> 뷰 생성 문법은 대부분의 주요 DBMS에서 거의 동일하게 지원한다.

왜 뷰를 사용하는가?

뷰를 사용하는 이유는 다음과 같다.

- SQL 문을 재사용하기 위해서이다.
- 복잡한 SQL 작업을 단순화하려는 것이다. 근본적으로 쿼리 그 자체에 대한 상세 내용을 알지 않고도 작성된 쿼리를 쉽게 다시 사용할 수 있다.

- 완전한 테이블이 아니라 테이블의 일부만을 노출하기 위해서이다.
- 데이터를 보호하기 위해서이다. 사용자는 전체 테이블이 아니라 테이블의 특정 부분에만 접근할 수 있다.
- 데이터 형식을 변경하기 위해서이다. 뷰는 원래의 테이블과 다른 형식으로 데이터를 가져올 수 있다.

일반적으로 뷰는 생성한 후에 테이블과 같은 방식으로 사용한다. **SELECT** 작업을 할 수도 있고, 데이터를 필터링하거나 정렬할 수도 있으며 뷰를 다른 뷰나 테이블과 조인할 수도 있다. 심지어 데이터를 추가하거나 업데이트할 수도 있는데 여기에는 약간의 제약이 있다. 이는 조금 후에 다룬다.

가장 중요하게 기억해야 할 것은 뷰는 뷰일 뿐이고, 데이터는 딴 곳에 있다는 점이다. 뷰 자체는 데이터를 저장하지 않고, 다른 테이블에서 데이터를 가져와 반환한다. 그 테이블에서 데이터가 추가되거나 변경되면, 뷰는 변경된 데이터를 가져온다.

> ⚠ **성능 문제**
>
> 뷰가 데이터를 갖고 있지 않기 때문에 뷰를 사용할 때마다 쿼리가 실행된다. 여러 개의 조인과 필터가 있는 복잡한 뷰를 생성하거나, 여러 겹의 뷰를 생성한다면 성능은 급격히 저하된다. 뷰를 빈번하게 사용하는 프로그램이라면 배포하기 전에 반드시 테스트해 보자.

뷰 규칙과 제한

뷰를 만들기 전에, 몇 가지 알아 두어야 할 제약 사항이 있다. 불행히도 DBMS 마다 그 제약 사항은 다를 수 있기 때문에 여러분이 사용하는 DBMS의 매뉴얼을 미리 참고하는 것이 좋다.

다음은 가장 자주 사용되는 규칙 몇 가지와 뷰 생성과 사용을 통제하기 위한 제약 사항이다.

- 테이블처럼 뷰는 고유한 이름을 가져야 한다(다른 테이블 이름이나 뷰 이름

을 사용할 수 없다).

- 생성할 수 있는 뷰의 수에는 제한이 없다.

- 뷰를 생성하기 위해 보안 권한을 가져야 한다. 이 접근 권한 수준은 데이터베이스 관리자가 관리한다.

- 뷰는 뷰를 포함할 수 있다. 즉, 뷰는 다른 뷰에서 데이터를 가져오는 쿼리를 사용하여 만들 수 있다. 몇 겹까지 중첩할 수 있는지는 DBMS마다 다르다 (중첩된 뷰는 쿼리 성능을 현저하게 낮추기 때문에 프로덕션 환경에서 사용하기 전에 철저하게 테스트하자).

- 많은 DBMS는 뷰 쿼리에서 ORDER BY 절의 사용을 금지한다.

- 일부 DBMS에서는 가져오는 모든 열에 이름을 필히 부여해야 한다. 열이 계산 필드라면, 별칭을 사용해야 할 것이다(열 별칭에 대해 자세히 알고 싶다면, 7장 참고).

- 뷰는 인덱스를 사용할 수 없다. 또한 트리거 또는 그와 연관된 기본값을 사용할 수 없다.

- SQLite와 같은 일부 DBMS는 뷰를 읽기 전용 쿼리로 처리한다. 이는 뷰에서 데이터를 가져올 수는 있지만, 그 테이블에 데이터를 쓸 수는 없다는 의미이다.

- 일부 DBMS에서는 삽입 또는 업데이트한 데이터가 뷰의 범위를 벗어나는 경우는 삽입과 업데이트를 불허하는 뷰를 만들 수 있다. 예를 들어 이메일 주소가 있는 고객만 가져오는 뷰가 있을 때, 이메일 주소를 삭제하기 위해 고객 정보를 업데이트하면 그 뷰에서 더는 고객 정보가 나타나지 않는다. 이는 기본 동작 방식이지만, DBMS에 따라 이런 상황이 발생하지 않도록 할 수도 있다.

> 💡 **매뉴얼 참조**
> 앞서 설명한 규칙 외에 여러분이 사용하는 DBMS에서 추가적인 규칙을 가질 가능성이 크다. 뷰를 생성하기 전에 따라야 하는 규칙이 무엇이 있는지 살펴보는 데 충분한 시간을 할애하자.

뷰 생성하기

이제 뷰가 무엇인지 알았으니(그리고 뷰를 다루기 위한 규칙과 제약 사항도), 뷰를 생성하는 예제를 보자.

뷰는 CREATE VIEW 문을 사용해서 생성한다. CREATE TABLE처럼 CREATE VIEW도 존재하지 않는 뷰를 생성할 때만 사용할 수 있다.

> ### ✏️ 뷰 이름 바꾸기
>
> 뷰를 삭제하려면 DROP 문을 사용한다. 문법은 DROP VIEW 뷰이름; 이다. 뷰를 덮어쓰거나 또는 업데이트하려면, 뷰를 먼저 삭제한 후에 다시 생성해야 한다.

복잡한 조인을 단순화하기 위한 뷰 생성하기

뷰를 자주 사용하는 이유 중 하나는 복잡한 SQL을 숨기기 위해서이다. 복잡한 SQL은 보통 조인을 포함하고 있다. 다음 예제를 보자.

➡️ 입력▼　　　　　　　　　　　　　　　　　　　　　　　　　　　[실습하기]

```
CREATE VIEW ProductCustomers AS
SELECT cust_name, cust_contact, prod_id
FROM Customers, Orders, OrderItems
WHERE Customers.cust_id = Orders.cust_id
  AND OrderItems.order_num = Orders.order_num;
```

➡️ 결과▼

View created.

☑️ 설명▼

제품을 주문한 적이 있는 모든 고객 리스트를 가져오기 위해 세 개의 테이블을 조인하여 ProductCustomers라는 이름의 뷰를 생성하는 예제이다. 만일 SELECT * FROM Product Customers라고 입력한다면 주문한 적이 있는 고객 정보를 모두 가져올 것이다.

RGAN01 제품을 주문한 고객 리스트를 가져오려면 다음과 같이 입력하면 된다.

⤏ 입력 ▼   실습하기

```
SELECT cust_name, cust_contact
FROM ProductCustomers
WHERE prod_id = 'RGAN01';
```

⇨ 결과 ▼

```
cust_name                cust_contact
--------------------     --------------------
Fun4All                  Denise L. Stephens
The Toy Store            Kim Howard
```

☑ 설명 ▼

이 문장은 뷰에서 데이터를 가져오는데, WHERE 절에 있는 조건으로 필터링하여 특정 데이터
만 가져온다. DBMS가 이 요청을 처리할 때 뷰에 있는 WHERE 절에, 지정한 WHERE 절을 추가
한다. 그래서 데이터가 올바르게 필터링 된다.

앞서 살펴본 것처럼 뷰는 복잡한 SQL 문을 매우 단순화할 수 있다. 또 뷰를 사
용해 기본적인 SQL 문을 한번 작성한 후 필요할 때마다 재사용할 수 있다.

> **💡 재사용이 가능한 뷰 생성하기**
>
> 특정 데이터에 종속되지 않는 뷰를 생성하는 것은 좋은 생각이다. 예를 들어 앞에서 생성
> 한 뷰는 RGAN01 제품이 아니라 모든 제품의 고객 리스트를 가져온다. 뷰의 범위를 확장
> 하면 재사용이 가능하기 때문에 좀 더 유용하다. 그뿐만 아니라, 여러분이 여러 개의 비
> 슷한 뷰를 만들고 관리하지 않도록 한다.

가져온 데이터의 형식을 변경하기 위해 뷰 사용하기

뷰는 가져온 데이터의 형식을 바꾸는 데도 자주 사용된다. 다음 SQL Server
SELECT 문(7장에 나온)은 판매처명과 위치를 하나로 결합한 열로 가져온다.

⤏ 입력 ▼

```
SELECT RTRIM(vend_name) + ' (' + RTRIM(vend_country) + ')'
       AS vend_title
FROM Vendors
```

```
ORDER BY vend_name;
```

➡ 결과 ▼

```
vend_title
-----------------------
Bear Emporium (USA)
Bears R Us (USA)
Doll House Inc. (USA)
Fun and Games (England)
Furball Inc. (USA)
Jouet et ours (France)
```

다음은 같은 문장이지만 || 문법을 사용한다(|| 문법은 7장에서 설명했다).

➡ 입력 ▼   `실습하기`

```
SELECT RTRIM(vend_name) || ' (' || RTRIM(vend_country) || ')'
       AS vend_title
FROM Vendors
ORDER BY vend_name;
```

➡ 결과 ▼

```
vend_title
-----------------------
Bear Emporium (USA)
Bears R Us (USA)
Doll House Inc. (USA)
Fun and Games (England)
Furball Inc. (USA)
Jouet et ours (France)
```

이런 형식으로 결과를 주기적으로 가져와야 한다고 가정해보자. 이 경우 필요할 때마다 문자열을 연결하는 대신 뷰를 생성하고 사용할 수 있다. 이 문장은 뷰를 이용하여 바꾸면 다음과 같다.

➡ 입력 ▼

```
CREATE VIEW VendorLocations AS
SELECT RTRIM(vend_name) + ' (' + RTRIM(vend_country) + ')'
       AS vend_title
FROM Vendors;
```

다음은 || 문법을 사용한 문장이다.

⤵ 입력 ▼ 〔실습하기〕

```
CREATE VIEW VendorLocations AS
SELECT RTRIM(vend_name) || ' (' || RTRIM(vend_country) || ')'
       AS vend_title
FROM Vendors;
```

⤷ 결과 ▼

```
View created.
```

☑ 설명 ▼

이 예제에서는 이전의 SELECT 문과 완전히 똑같은 쿼리를 사용해서 뷰를 생성한다. 만약 주소를 출력하려면, 다음 예제처럼 데이터를 가져올 수 있다.

⤵ 입력 ▼ 〔실습하기〕

```
SELECT * FROM VendorLocations;
```

⤷ 결과 ▼

```
vend_title
-----------------------
Bear Emporium (USA)
Bears R Us (USA)
Doll House Inc. (USA)
Fun and Games (England)
Furball Inc. (USA)
Jouet et ours (France)
```

✐ SELECT 제약 사항이 그대로 적용된다.

이 장의 앞부분에서 뷰를 생성하는 문법은 DBMS와 상관없이 상당히 일관된다고 언급한 바 있다. 그런데 왜 여러 버전의 문장이 쓰일까? 뷰는 단순히 SELECT 문을 감싼 것이기 때문에 각 DBMS에서 SELECT 문이 따라야 하는 모든 규칙과 제약을 그대로 적용받기 때문이다.

원하지 않는 데이터를 필터링하기 위해 뷰 사용하기

뷰는 WHERE 절과 함께 사용할 때도 유용하다. 예를 들어 CustomerEmailList 뷰를 정의하여 이메일 주소가 없는 고객을 필터링하고 싶다고 해보자.

➡️ **입력 ▼** [실습하기]

```sql
CREATE VIEW CustomerEmailList AS
SELECT cust_id, cust_name, cust_email
FROM Customers
WHERE cust_email IS NOT NULL;
```

➡️ **결과 ▼**

View created.

☑️ **설명 ▼**

이메일을 보내기 위한 메일 주소 목록을 만든다면, 이메일 주소가 없는 고객은 당연히 가져올 필요가 없다. 이 문장의 WHERE 절에서는 cust_email 열이 NULL인 행은 필터링에서 제외한다.

이제 다음 예제처럼 CustomerEmailList 뷰는 테이블과 똑같이 사용할 수 있다.

➡️ **입력 ▼** [실습하기]

```sql
SELECT *
FROM CustomerEmailList;
```

➡️ **결과 ▼**

```
cust_id          cust_name        cust_email
-------------    -------------    ---------------------
1000000001       Village Toys     sales@villagetoys.com
1000000003       Fun4All          jjones@fun4all.com
1000000004       Fun4All          dstephens@fun4all.com
1000000042       Ben's Toys       ben@forta.com
```

> ✏️ **WHERE 절과 WHERE 절**
>
> 뷰에서 데이터를 가져올 때 WHERE 절을 사용하면, 뷰에서 사용한 WHERE 절과 자동으로 결합된다.

계산 필드와 함께 뷰 사용하기

뷰는 계산 필드를 단순화할 때 특히 더 유용하다. 다음에 나오는 SELECT 문은 7장에서 소개되었는데, 특정한 주문에 포함된 제품들을 가져와서 제품별 총가격(expanded price)을 계산해 준다.

➡ 입력▼　　　　　　　　　　　　　　　　　　　　　　　　　　　실습하기

```
SELECT prod_id,
       quantity,
       item_price,
       quantity*item_price AS expanded_price
FROM OrderItems
WHERE order_num = 20008;
```

➡ 결과▼

```
prod_id    quantity   item_price   expanded_price
---------  ---------  ----------   ----------------
RGAN01     5          4.99         24.95
BR03       5          11.99        59.95
BNBG01     10         3.49         34.90
BNBG02     10         3.49         34.90
BNBG03     10         3.49         34.90
```

이를 뷰로 변경하려면, 다음과 같이 작성한다.

➡ 입력▼　　　　　　　　　　　　　　　　　　　　　　　　　　　실습하기

```
CREATE VIEW OrderItemsExpanded AS
SELECT order_num,
       prod_id,
       quantity,
       item_price,
       quantity*item_price AS expanded_price
FROM OrderItems;
```

➡ 결과▼

```
View created.
```

주문 20008의 상세 정보를 가져오는 예제는 다음과 같다.

➡️ 입력 ▼   실습하기

```
SELECT *
FROM OrderItemsExpanded
WHERE order_num = 20008;
```

➡️ 결과 ▼

```
order_num    prod_id      quantity     item_price    expanded_price
----------   ----------   ----------   ------------  ----------------
20008        RGAN01       5            4.99          24.95
20008        BR03         5            11.99         59.95
20008        BNBG01       10           3.49          34.90
20008        BNBG02       10           3.49          34.90
20008        BNBG03       10           3.49          34.90
```

이처럼 뷰는 쉽게 생성하고 쉽게 사용할 수 있다. 올바르게만 사용한다면, 뷰
는 복잡한 데이터 조작을 아주 단순화할 수 있어 유용하다.

정리해보자!

뷰는 가상 테이블이다. 뷰는 데이터를 저장하는 대신 필요할 때마다 데이터를
가져올 수 있는 쿼리를 저장하고, SQL SELECT 문을 여러 단계로 캡슐화할 수
있다. 또 뷰는 데이터 조작을 단순화하는 것 외에 가져오는 데이터의 형식을
변경하거나 데이터를 보호할 때도 사용한다.

도전 과제   실습하기

1. 주문 내역이 있는 고객의 모든 열을 포함하도록 CustomersWithOrders라는
    뷰를 작성하라. 원하는 고객을 거르기 위해 Orders 테이블과 조인할 수 있
    다. 그 후 데이터가 맞는지 확인하기 위해 SELECT 문을 작성한다.

2. 다음 SQL 문은 무엇이 잘못되었는가? (실행하지 말고 바로 알아내 보자.)

    ```
    CREATE VIEW OrderItemsExpanded AS
    SELECT order_num,
           prod_id,
           quantity,
    ```

```
        item_price,
        quantity*item_price AS expanded_price
FROM OrderItems
ORDER BY order_num;
```

19장

저장 프로시저 사용하기

이 장에서는 저장 프로시저가 무엇인지 그리고 어떻게 사용하는지 학습한다. 일단 저장 프로시저를 만들고 사용하기 위한 기본 문법을 알아볼 것이다.

저장 프로시저 이해하기

우리가 여태까지 사용했던 SQL 문은 한 개 이상의 테이블에 대해 단일한 구문을 사용한다는 점에서 간단하다고 말할 수 있다. 하지만 모든 작업이 다 그렇게 쉬운 것은 아니고, 종종 복잡한 작업을 수행하기 위해 다수의 구문을 사용해야 할 필요가 있다. 예를 들어 다음 시나리오를 생각해보자.

- 주문을 처리하려면, 제품의 재고가 있는지 확인해야 한다.
- 제품이 있다면 다른 고객에게 팔리지 않도록 예약해야 하고, 사용 가능한 수량을 하나 줄여 재고에 정확한 숫자를 반영해야 한다.
- 재고가 없다면, 제품을 주문해야 한다. 이 작업은 판매처와 연동돼서 작업해야 한다.
- 고객은 어떤 제품이 재고가 있는지(그래서 바로 배송할 수 있는지) 그리고 어떤 제품은 다시 주문해야 하는지 등의 알림을 받아야 한다.

이는 완전한 예도 아니며 책에서 사용한 예제 테이블의 범위를 벗어나기도 하지만, 요점을 이해하는 데는 도움이 된다.

앞에 나온 시나리오를 처리하려면 여러 테이블과 다양한 SQL 문이 필요하다. 그런데 수행해야 할 정확한 SQL 명령문과 순서는 고정된 것이 아니다. 제품이 재고가 있는지 없는지에 따라 SQL 문이나 순서는 얼마든지 변경할 수 있기 때문이다.

그렇다면 이 코드를 어떻게 작성해야 할까? 일단 SQL 문을 각각 따로 작성한 뒤, 결과에 따라 조건에 맞게 명령문을 실행하도록 작성하는 것이 가능하다. 그렇게 하면, 처리가 필요한 시점마다 여러분이 이 명령문을 수동으로 실행해야 한다. 또 다른 방법으로는 저장 프로시저를 사용할 수 있다. 저장 프로시저는 나중에 사용하기 위해 만들어둔 하나 이상의 SQL 명령문 집합을 의미하는데, 일종의 배치 파일로 생각해도 된다. 실제로는 배치 파일 이상의 기능을 제공하지만 말이다.

> ✏️ **SQLite**
>
> SQLite는 저장 프로시저를 지원하지 않는다.
>
> ✏️ **저장 프로시저에는 더 많은 것이 있다?**
>
> 저장 프로시저는 복잡하기 때문에, 그 주제에 대해 전부 설명하면 여기 할당된 페이지보다 훨씬 더 많은 공간이 필요하다. 그 목적으로만 쓰인 책도 있을 정도다. 이 장은 저장 프로시저의 모든 것을 알려주는 것보다 기본 개념을 소개하고, 학습하도록 하는 데 목적이 있다. 여기에 나온 예제는 Oracle과 SQL Server에서 제공되는 문법으로 작성하였다.

저장 프로시저를 사용하는 이유

저장 프로시저가 무엇인지는 알았는데, 그럼 왜 사용해야 할까? 다양한 이유가 있지만, 주요 목적을 나열하면 다음과 같다.

- 여러 단계로 이루어진 과정을 사용하기 쉬운 하나의 단위로 캡슐화하여 복잡한 작업을 단순화한다.

- 여러 단계를 반복해서 만들 필요가 없어서 데이터 일관성을 보장한다. 모든 개발자와 프로그램이 같은 저장 프로시저를 사용한다면, 모두 똑같은 코드를 사용할 것이다.
- 오류 방지에도 도움을 준다. 수행해야 할 단계가 많아질수록, 오류는 더욱 발생하기 쉽다. 오류를 방지하는 것은 데이터 일관성을 보장한다.
- 변경 관리를 단순화한다. 테이블, 열 이름, 비즈니스 로직(아니면 그 어떤 것이라도)이 변경되면, 저장 프로시저 코드만 바꾸고, 다른 것은 수정할 필요가 없기 때문에 다른 사람이 변경 사항을 알 필요가 없다.
- 보안성을 높인다. 저장 프로시저를 사용하면 기본 데이터에 대한 접근을 제한할 수 있는데, 이 제한은 데이터 손상 가능성을 줄여준다.
- 저장 프로시저는 대개 컴파일된 형태로 저장하기 때문에, 명령을 처리하기 위해 DBMS가 해야 하는 일이 줄어들고, 그 결과 성능이 향상된다.
- SQL 언어 요소와 기능 중에 하나의 요청 안에서만 사용해야 하는 것이 있다. 저장 프로시저는 좀 더 강력하고 유연한 코드를 작성하기 위해 이런 언어 요소와 기능을 사용할 수 있다.

달리 말하자면 저장 프로시저를 사용하여 얻는 세 가지 주된 이점이 있는데, 이는 단순성, 보안성, 성능이다. 그럼 SQL 코드를 저장 프로시저로 변경하기 전에 저장 프로시저의 단점도 살펴보자.

- 저장 프로시저 문법은 DBMS마다 매우 달라서, 다른 DBMS로 이식할 수 있는 저장 프로시저를 작성하는 것은 거의 불가능에 가깝다. 그렇다고는 해도, 자신을 호출(이름과 데이터 전달 방식)하는 저장 프로시저는 상대적으로 이식이 가능하다. 따라서 다른 DBMS로 바꿔야 하는 경우, 적어도 여러분의 클라이언트 프로그램 코드는 변경하지 않을 수도 있다.
- 저장 프로시저는 기본 SQL 문을 작성하는 것보다는 좀 더 복잡해서, 저장 프로시저를 작성하려면 고수준의 기술과 경험이 필요하다. 그래서 많은 데이터베이스 관리자는 보안 조치 중 하나로 저장 프로시저 생성 권한을 제한한다(주로 이전 문제 때문에).

그렇더라도, 저장 프로시저는 매우 유용하므로 사용하는 것이 좋다. 사실 대부분의 DBMS는 데이터베이스와 테이블 관리에 사용하는 온갖 종류의 저장 프로시저를 갖고 있다. 이 부분을 더 자세히 알고 싶다면 여러분이 사용하는 DBMS의 매뉴얼을 확인하기 바란다.

> ✐ **작성할 수 없더라도 사용할 수는 있다!**
>
> 대부분의 DBMS는 저장 프로시저를 작성하는 접근 권한과 저장 프로시저를 실행하는 접근 권한을 구별한다. 여러분에게 권한이 없어서 저장 프로시저를 작성할 수 없더라도, 실행은 시킬 수 있다는 의미이다.

저장 프로시저 실행하기

저장 프로시저는 작성하는 횟수보다 훨씬 더 많이 실행된다. 저장 프로시저를 실행하는 SQL 문은 EXECUTE인데, 저장 프로시저의 이름과 전달할 필요가 있는 매개변수를 갖는다. 다음 예제를 보자(AddNewProduct 저장 프로시저가 존재하지 않기 때문에 여러분이 직접 이 프로시저를 실행시킬 수는 없을 것이다).

⇥ 입력 ▼

```
EXECUTE AddNewProduct('JTS01',
                      'Stuffed Eiffel Tower',
                      6.49,
                      'Plush stuffed toy with the text La Tour Eiffel
                      in red white and blue');
```

☑ 설명 ▼

AddNewProduct라는 이름의 저장 프로시저를 실행하였다. 이는 Products 테이블에 새로운 제품을 추가한다. AddNewProduct는 네 개의 매개변수(vendor 테이블의 기본 키인 판매처 ID, 제품명, 가격, 설명)를 갖는다. 이 저장 프로시저는 Products 테이블에 새로운 행을 하나 추가하고, 적절한 열에 매개변수를 전달한다.

Products 테이블에는 값이 필요한 열이 하나 더 있는데, 그것은 테이블의 기본 키인 prod_id이다.

왜 이 값은 저장 프로시저의 매개변수로 전달하지 않았을까? ID를 제대로 생성하려면, 사용자에게 의존하는 것보다 프로세스가 자동으로 처리하는 것이 더 안전하기 때문이다. 그래서 이 예제에서는 저장 프로시저를 사용한 것이다. 다음은 AddNewProduct가 하는 일이다.

- 네 개의 매개변수 모두에 값이 있는지 확인하고, 데이터를 전달한다.
- 기본 키로 사용하는 고유한 ID를 생성한다.
- Products 테이블에 새로운 행을 추가하고, 생성한 기본 키와 전달한 데이터를 적절한 열에 삽입한다.

위 단계가 기본적인 저장 프로시저의 실행 형식인데, 사용하는 DBMS에 따라 다음에 나오는 실행 옵션을 추가로 사용할 수도 있다.

- 매개변수가 없으면, 기본값으로 설정할 것인지를 결정하는 선택적 매개변수
- '매개변수=값' 형식으로 지정하는 비순차적 매개변수
- 저장 프로시저에서 프로그램을 실행할 때 사용하는 매개변수를 업데이트할 수 있는 출력 매개변수
- SELECT 문을 이용한 데이터 검색
- 저장 프로시저에서 결괏값을 실행 프로그램으로 전달하는 데 사용하는 반환 코드

저장 프로시저 생성하기

앞서 설명한 대로, 저장 프로시저 작성은 쉬운 일이 아니다. 작성하는 방법을 학습하기 위해 간단한 예제를 보자. 다음은 이메일 주소를 가진 고객의 수를 세는 저장 프로시저인데, Oracle 버전이다.

➡️ 입력 ▼

```
CREATE PROCEDURE MailingListCount (
    ListCount OUT INTEGER
)
```

```
IS
v_rows INTEGER;
BEGIN
    SELECT COUNT(*) INTO v_rows
    FROM Customers
    WHERE NOT cust_email IS NULL;
    ListCount := v_rows;
END;
```

⬊ 결과 ▼

Procedure created.

☑ 설명 ▼

예제의 저장 프로시저는 ListCount라는 이름의 매개변수를 한 개 갖는다. 이 매개변수는 저장 프로시저로 값을 전달하는 데 사용하는 게 아니라, 결괏값을 가져오는 데 쓰인다. OUT 키워드는 이런 행동을 명시하기 위해 사용한다. Oracle은 IN, OUT, INOUT 형의 매개변수를 지원한다. IN은 저장 프로시저로 값을 전달하기 위해, OUT은 저장 프로시저에서 값을 반환하기 위해 사용하며, INOUT은 두 용도로 모두 쓰인다. 저장 프로시저 코드는 BEGIN과 END 문으로 묶여 있고, 여기에서는 이메일 주소를 가진 고객을 가져오기 위해 간단한 SELECT 문을 수행한다. 그런 다음 ListCount가 가져온 행의 수로 설정된다.

Oracle에서는 이 예제를 호출하려면 다음과 같이 하면 된다.

⬊ 입력 ▼

```
var ReturnValue NUMBER
EXEC MailingListCount(:ReturnValue);
SELECT ReturnValue;
```

☑ 설명 ▼

이 코드는 저장 프로시저가 반환하는 값을 저장하기 위해 먼저 변수를 선언하고, 저장 프로시저를 실행한 뒤, SELECT 문으로 가져온 값을 출력한다.

다음은 Microsoft SQL Server 버전이다.

⬊ 입력 ▼

```
CREATE PROCEDURE MailingListCount
AS
```

```
DECLARE @cnt INTEGER
SELECT @cnt= COUNT(*)
FROM Customers
WHERE NOT cust_email IS NULL;
RETURN @cnt;
```

☑ 설명 ▼

이 저장 프로시저는 매개변수를 갖지 않는다. 호출하는 프로그램은 SQL Server의 결과 코드를 사용해서 값을 얻어야 한다. @cnt라는 이름의 지역 변수는 DECLARE 문을 이용해서 선언되었다(SQL Server에서 사용되는 모든 지역 변수는 @으로 시작한다). 이 변수는 SELECT 문에 사용되어 COUNT( ) 함수로 가져온 값을 갖는다. 마지막은 RETURN 문인데, RETURN @cnt를 써서 호출한 프로그램에 그 숫자를 반환하였다.

SQL Server 저장 프로시저를 호출하려면 다음과 같이 작성한다.

→] 입력 ▼

```
DECLARE @ReturnValue INT
EXECUTE @ReturnValue=MailingListCount;
SELECT @ReturnValue;
```

☑ 설명 ▼

이 코드는 저장 프로시저가 반환하는 값을 저장하기 위한 변수를 선언하고, 저장 프로시저를 실행한 뒤 SELECT 문으로 반환된 값을 출력한다.

다른 예제를 하나 더 보자. 이번에는 Orders 테이블에 새로운 주문을 넣는 저장 프로시저로, SQL Server 버전만 제공한다. 이 예제에서는 몇 가지 유용한 저장 프로시저 사용법과 기술을 볼 수 있다.

→] 입력 ▼

```
CREATE PROCEDURE NewOrder @cust_id CHAR(10)
AS
-- 주문 번호에 대한 변수 선언
DECLARE @order_num INTEGER
-- 현재 Orders 테이블에서 가장 큰 주문 번호 획득
SELECT @order_num=MAX(order_num)
FROM Orders
-- 다음 주문 번호 생성
```

```
SELECT @order_num=@order_num+1
-- 새 주문 데이터 삽입
INSERT INTO Orders(order_num, order_date, cust_id)
VALUES(@order_num, GETDATE(), @cust_id)
-- 주문 번호 반환
RETURN @order_num;
```

☑ 설명 ▼

이 저장 프로시저는 Orders 테이블에 새로운 주문을 삽입한다. 주문하는 고객의 ID만을 매개변수로 받고, 다른 두 열인 주문 번호와 주문 날짜는 저장 프로시저 안에서 자동으로 생성한다. 처음에 주문 번호를 저장하기 위한 지역 변수를 선언하고, 그다음 MAX( ) 함수를 이용해 현재 가장 큰 주문 번호를 가져온다. 그리고 SELECT 문으로 주문 번호의 숫자를 하나 증가시킨다. 계속해서 INSERT 문을 이용해 새롭게 만들어진 주문 번호, GETDATE( )로 가져온 현재 시스템 날짜, 전달받은 고객 ID를 Orders 테이블에 삽입한다. 마지막으로, 주문 번호는 RETURN @order_num으로 반환한다. 그리고 코드에 주석이 있다는 점에 주목하자. 저장 프로시저를 사용할 때는 항상 주석을 작성하는 습관을 들이는 것이 좋다.

> ✎ 코드에 주석을 달자.
>
> 모든 코드에는 주석을 달아야 하고, 저장 프로시저도 예외는 아니다. 주석을 다는 작업이 성능에 영향을 미치진 않기 때문에, 작성하는 데 시간이 걸린다는 것을 제외하면 단점이 전혀 없다. 특히 주석을 다는 것은 동료(또는 자신이)가 코드를 이해하는 데 편하고, 나중에 변경할 때 좀 더 안전하다. 2장 "데이터 가져오기"에서 말한 것처럼, 주석을 작성하는 일반적인 방법은 --(하이픈 2개)으로 시작하는 것이다. 일부 DBMS는 다른 주석 문법을 지원하기도 하지만, 모든 DBMS가 --를 지원하므로 하이픈을 사용하는 것이 가장 좋다.

다음은 SQL Server의 또 다른 버전이다.

➜ 입력 ▼

```
CREATE PROCEDURE NewOrder @cust_id CHAR(10)
AS
-- 새로운 주문 데이터 삽입
INSERT INTO Orders(cust_id)
VALUES(@cust_id)
-- 주문 번호 반환
SELECT order_num = @@IDENTITY;
```

☑ **설명 ▼**

> 이 저장 프로시저도 Orders 테이블에 새로운 주문 항목을 삽입한다. 이번에는 DBMS가 직접 주문 번호를 생성하는데, 대부분의 DBMS는 이런 유형의 기능을 지원한다. SQL Server는 이렇게 자동으로 증가하는 열을 아이덴티티 필드(Identity field)라고 부른다(다른 DBMS는 자동 번호 또는 시퀀스로 부르기도 한다). 여기에서도 고객 ID 하나만 매개변수로 전달하고, 주문 번호와 주문 날짜는 지정하지 않았는데, 주문 번호는 자동으로 생성되고 주문 날짜는 DBMS에서 제공하는 기본값인 GETDATA( )를 사용한다. 그렇다면, 생성된 ID가 무엇인지는 어떻게 알 수 있을까? SQL Server에서는 전역 변수인 @@IDENTITY를 통해 ID를 알 수 있는데, @@IDNETITY는 SELECT 문을 이용하여 호출하는 프로그램에 의해 반환된다.

이처럼 저장 프로시저를 사용하면 같은 작업도 수행하는 방법이 여러 가지이다. 어떤 방법을 선택할 것인지는 사용하는 DBMS의 기능에 따라 결정하면 된다.

정리해보자!

이번 장에서는 저장 프로시저가 무엇이고 왜 사용해야 하는지 그리고 기본적인 저장 프로시저 실행과 작성 문법에 대해 배웠다. 저장 프로시저는 매우 중요한 주제이지만, DBMS마다 사용법이 매우 다르다. 여러분이 사용하는 DBMS에서 여기서는 다루지 않은 다양한 종류의 함수를 제공할 수도 있으므로, 좀 더 자세한 사항을 알고 싶다면 DBMS 매뉴얼을 살펴보기 바란다.

20장

트랜잭션 처리 관리하기

이번 장에서는 트랜잭션의 기본 개념 그리고 트랜잭션을 관리할 때 사용하는 COMMIT과 ROLLBACK 문의 특징을 알아본다.

트랜잭션 처리 이해하기

트랜잭션 처리는 여러 개의 SQL 작업을 일괄적으로 실행하거나 아니면 아예 실행하지 않도록 하여 데이터베이스의 무결성을 보장하는 처리 방식이다.

12장에서 설명한 것과 같이 관계형 데이터베이스는 데이터를 여러 개의 테이블에 나눠서 저장하여 데이터를 쉽게 조작, 관리, 재사용할 수 있도록 설계되었다. 관계형 데이터베이스가 왜, 그리고 어떻게 설계되었는지를 이해하면 데이터를 효율적으로 활용할 수 있다.

19장에서 우리가 사용했던 Orders 테이블이 좋은 예다. 주문은 두 테이블에 나누어 저장하는데, Orders 테이블에는 실제 주문을, OrderItems에는 주문된 각 제품을 저장한다. 이 두 테이블은 기본 키(1장에서 설명한 바 있다)라고 부르는 고유한 ID로 연결되어 있고, 차례대로 고객과 제품 정보를 저장하는 테이블과도 연결되어 있다.

시스템에 주문을 추가하는 순서는 다음과 같다.

1. 데이터베이스에 고객이 있는지 확인하고, 없다면 고객을 추가한다.

2. 고객 ID를 가져온다.

3. 고객 ID로 Orders 테이블에 새로운 행을 추가한다.

4. Orders 테이블에 할당된 새로운 주문 ID를 가져온다.

5. OrderItems 테이블에 주문된 제품을 모두 추가한다. 이때 Orders 테이블에서 가져온 ID를 사용해 Orders 테이블과 연결된다. 그리고 제품 ID로 Products 테이블과 연결한다.

데이터베이스가 이 절차를 완료하기 전에 실패(예를 들어 디스크 용량 부족이나 보안 제한 또는 테이블 로크(lock) 등에 의해)했다고 상상해보자. 여러분의 데이터에는 무슨 일이 일어날까?

고객을 추가하고 Orders 테이블에 주문을 추가하기 전에 실패했다면, 아무런 문제도 발생하지 않는다. 주문 내역 없는 고객 정보를 가지는 것은 완벽히 유효하다. 위 절차를 다시 실행한다면, 추가된 고객 정보를 가져와 사용할 수 있으므로, 중단한 곳부터 다시 시작하는 것이 가능하다.

그럼 만약 Orders 테이블에 행이 추가되고, OrderItems 테이블에 행을 추가하기 전에 시스템이 중단되었다면? 데이터베이스는 제품 정보가 없는 주문 내역만 보유할 것이다.

아니 운 나쁘게도 OrderItems에 행을 추가하는 동안 시스템이 중단되었다면? 데이터베이스에 주문 정보가 일부만 삽입되었는데, 그 사실을 알지 못할 수도 있다.

그렇다면 어떻게 이 문제를 해결할 수 있을까? 이럴 때 바로 트랜잭션 처리를 이용하는 것이다. 트랜잭션 처리는 데이터베이스가 부분적으로 작업을 수행하는 것을 막기 위해 여러 SQL 작업을 일괄적으로 처리하는 메커니즘이다. 트랜잭션 처리를 이용하면, 작업이 중간에 중단되지 않도록 할 수 있다(전체가 실행되거나 아니면 전혀 실행되지 않거나). 트랜잭션 처리 시 에러가 발생하지 않으면, SQL 문 전체가 데이터베이스 테이블에 커밋(Commit, 영구 변경)된다. 에러가 발생하면, 롤백(Rollback, 후진 복귀)되어 데이터베이스가 안전한 상태로 복구된다.

앞서 본 예제를 참고하여 이 프로세스가 어떻게 동작하는지 알아보자.

1. 데이터베이스에 고객이 있는지 확인하고, 없다면 고객을 추가한다.
2. 고객 정보를 커밋한다.
3. 고객 ID를 가져온다.
4. Orders 테이블에 새로운 행을 추가한다.
5. Orders 테이블에 행을 추가할 때 에러가 발생하면, 롤백한다.
6. Orders 테이블에 할당한 새로운 주문 ID를 가져온다.
7. OrderItems 테이블에 주문된 제품을 모두 추가한다.
8. OrderItems 테이블에 행을 추가할 때, 에러가 발생하면 OrderItems에 추가한 모든 행과 Orders 테이블에 추가한 행을 롤백한다.

트랜잭션과 트랜잭션 처리를 사용할 때 계속 나타나는 키워드가 몇 개 있다. 다음은 여러분이 기억해야 할 용어들이다.

- 트랜잭션(Transaction) - 일괄 처리할 SQL 명령어들을 묶은 블록(block)
- 롤백(Rollback) - 변경된 작업 내용을 모두 취소하는 절차
- 커밋(Commit) - 변경된 작업 내용을 데이터베이스에 저장
- 저장점(Savepoint) - 부분적으로 롤백하기 위한 임시 지점

> 💡 **어떤 문을 롤백할 수 있을까?**
>
> 트랜잭션 처리는 INSERT, UPDATE, DELETE 문을 관리하기 위해 사용한다. SELECT 문은 롤백할 수 없다(사실 그럴 이유도 없다). CREATE나 DROP 작업도 롤백할 수 없다. 이문들이 트랜잭션 블록 안에서 쓰일 수는 있지만, 롤백하더라도 작업을 되돌릴 수 없다.

트랜잭션 통제하기

이제 트랜잭션 처리가 무엇인지 알았으니 트랜잭션을 관리하는 방법을 살펴보자.

> ⚠ **문법 차이**
>
> 트랜잭션 처리를 수행하는 데 사용하는 문법은 DBMS마다 다르다. 사용하기 전에 여러
> 분이 사용하는 DBMS의 매뉴얼을 살펴보기 바란다.

트랜잭션을 관리하는 데 있어 가장 중요한 점은 SQL 문을 논리적인 작업 단위
로 만들어 데이터가 롤백되어야 하는 시점과 그렇지 않은 시점을 확실하게 명
시하는 것이다.

　일부 DBMS는 트랜잭션의 시작과 끝을 지정해야 한다. 예를 들어 SQL Server
에서는 다음과 같이 트랜잭션을 지정할 수 있다(...은 실제 코드로 대체하기
바란다).

➜ 입력 ▼

```
BEGIN TRANSATION
...
COMMIT TRANSACTION
```

☑ 설명 ▼

이 예에서 BEGIN TRANSACTION과 COMMIT 사이의 SQL 문은 전체가 다 실행되거나 아니면
전체가 다 실행되지 않는다.

MariaDB와 MySQL에서는 다음과 같이 작성한다.

➜ 입력 ▼

```
START TRANSACTION
...
```

다음은 Oracle 문법이다.

➜ 입력 ▼

```
SET TRANSACTION
...
```

PostgreSQL은 ANSI SQL 문법을 사용한다.

➡️ 입력 ▼

```
BEGIN
...
```

여기에는 나오지 않은 문법을 사용하는 DBMS도 있다. 눈치챘을지 모르지만, 대부분의 DBMS는 트랜잭션의 끝을 지정하지 않는다. 대신 트랜잭션 끝을 알리는 특정 명령문이 나타날 때까지 유지되는데, 보통은 COMMIT으로 변경 사항을 저장하거나 ROLLBACK으로 되돌릴 때까지다.

롤백 사용하기

다음은 SQL 문을 롤백하기 위한 SQL ROLLBACK 명령어이다.

➡️ 입력 ▼

```
DELETE FROM Orders;
ROLLBACK;
```

☑️ 설명 ▼

이 예에서는 DELETE 작업이 수행되고 나서 ROLLBACK 문으로 되돌린다. 아주 좋은 예는 아니지만, 트랜잭션 내에서 DELETE 작업(INSERT나 UPDATE 작업처럼)은 절대 수행되지 않는다는 것을 볼 수 있다.

커밋 사용하기

보통 SQL 문은 실행되면서 데이터베이스 테이블을 바로 변경한다. 이렇게 커밋이 자동으로 일어나는 것을 자동 커밋이라고 부른다. 하지만 트랜잭션은 자동으로 커밋되지 않는다. 이 또한 DBMS마다 다른데, 일부 DBMS는 트랜잭션의 끝을 자동 커밋으로 다루기도 하고, 일부는 그렇게 다루지 않는다.

　커밋을 명시하기 위해 COMMIT 문이 사용된다. 다음은 SQL Server 문법이다.

```
BEGIN TRANSACTION
DELETE OrderItems WHERE order_num = 12345
DELETE Orders WHERE order_num = 12345
COMMIT TRANSACTION
```

☑ 설명 ▼

이 SQL Server 예제에서는 주문 번호가 12345인 것을 시스템에서 완전히 삭제한다. Orders 와 OrderItems라는 두 개의 테이블을 변경해야 하기 때문에, 일부분만 삭제되는 것을 막기 위해 트랜잭션을 사용하였다. 도중에 에러가 발생하지 않았다면 마지막에 있는 COMMIT 문에 서 변경 사항을 저장한다. 첫 번째 DELETE만 성공하고, 두 번째 DELETE가 실패하면 첫 번째 DELETE도 절대 커밋되지 않는다.

다음은 Oracle 문법이다.

➡ 입력 ▼

```
SET TRANSACTION
DELETE OrderItems WHERE order_num = 12345;
DELETE Orders WHERE order_num = 12345;
COMMIT;
```

저장점 사용하기

ROLLBACK과 COMMIT 문은 단순히 전체 트랜잭션을 저장하거나 되돌리는 작업만 한다. 간단한 트랜잭션을 사용할 때는 문제가 없지만, 좀 더 복잡한 트랜잭션 은 부분적인 커밋이나 롤백이 필요할 수도 있다.

앞서 설명한 주문 추가 프로세스는 하나의 트랜잭션이다. 그런데 현실적으 로는 에러가 발생하면 Orders 테이블에 행이 추가되기 전의 시점으로 롤백하 고 싶고, Customers 테이블에 추가된 것까지 롤백하고 싶진 않을 것이다.

트랜잭션을 부분적으로 롤백하려면, 트랜잭션에서 전략상 중요한 위치들 을 임시 지점으로 정해놓고, 롤백이 필요할 때 임시 지점 중 하나로 되돌리면 된다.

SQL에서는 이 임시 지점을 저장점이라고 부른다. MariaDB, MySQL, Oracle 에서는 저장점을 생성하려면, SAVEPOINT 문을 사용한다.

⊒ 입력 ▼

```
SAVEPOINT delete1;
```

SQL Server에서는 다음과 같이 작성한다.

⊒ 입력 ▼

```
SAVE TRANSACTION delete1;
```

저장점은 각 저장점을 구별할 수 있는 고유한 이름을 갖기 때문에 롤백할 때 어느 저장점으로 롤백할지 지정할 수 있다. 특정 저장점으로 롤백하려면 SQL Server에서는 다음과 같이 입력한다.

⊒ 입력 ▼

```
ROLLBACK TRANSACTION delete1;
```

이번엔 MariaDB, MySQL, Oracle 문법이다.

⊒ 입력 ▼

```
ROLLBACK TO delete1;
```

다음은 완전한 SQL Server의 예제이다.

⊒ 입력 ▼

```
BEGIN TRANSACTION
INSERT INTO Customers(cust_id, cust_name)
VALUES(1000000010, 'Toys Emporium');
SAVE TRANSACTION StartOrder;
INSERT INTO Orders(order_num, order_date, cust_id)
VALUES(20100, '2020/12/1', 1000000010);
IF @@ERROR <> 0 ROLLBACK TRANSACTION StartOrder;
INSERT INTO OrderItems(order_num, order_item, prod_id, quantity,
                       item_ price)
VALUES(20100, 1, 'BR01', 100, 5.49);
```

```
IF @@ERROR <> 0 ROLLBACK TRANSACTION StartOrder;
INSERT INTO OrderItems(order_num, order_item, prod_id, quantity,
                       item_ price)
VALUES(20100, 2, 'BR03', 100, 10.99);
IF @@ERROR <> 0 ROLLBACK TRANSACTION StartOrder;
COMMIT TRANSACTION;
```

☑ 설명 ▼

트랜잭션 안에 네 개의 INSERT 문이 있다. 저장점은 첫 번째 INSERT 문 뒤에 정의되어, 이후의 INSERT 작업이 실패하면 이 트랜젝션은 이 저장점까지만 롤백된다. SQL Server에서 @@ERROR라고 불리는 변수는 작업이 성공했는지 점검하기 위해 사용된다(다른 DBMS는 이 정보를 얻기 위해 함수나 변수를 사용한다). 만약 @@ERROR가 0 이외의 값을 반환한다면 에러가 발생했다는 의미이고, 트랜잭션은 저장점까지 롤백된다. 트랜잭션이 에러 없이 수행되면, COMMIT으로 변경된 데이터를 저장한다.

💡 **저장점이 많으면 좋다**

저장점의 개수에는 제한이 없으며 SQL 코드를 작성할 때 저장점이 많이 사용될수록 좋다. 왜냐면 저장점이 많으면, 정확히 필요한 곳으로 롤백할 수 있기 때문이다.

정리해보자!

이번 장에서는 트랜잭션이 하나의 단위로 실행되어야 하는 일련의 SQL 문들이라는 것을 배웠다.

데이터를 저장하거나 되돌리기 위해 COMMIT과 ROLLBACK 문을 사용하는 방법과 저장점을 사용하여 롤백 지점을 정하는 방법도 알아봤다. 트랜잭션 처리도 중요한 주제인데, 각 DBMS마다 다르므로 좀 더 자세한 정보를 얻으려면, 사용하는 DBMS의 매뉴얼을 살펴보자.

21장

커서 사용하기

이 장에서는 커서가 무엇인지와 사용하는 이유 그리고 커서의 사용법을 소개한다.

커서 이해하기

SQL 검색 작업은 결과 집합이라고 부르는 여러 행을 반환한다. 결과로 가져온 행은 SQL 구문과 일치하는 모든 결과인데, 결과로 한 행도 가져오지 않거나 하나 이상의 결과를 반환할 수도 있다. 이전까지의 단순한 SELECT 문으로는 첫 번째 행, 그다음 행, 아니면 이전의 10개 행을 가져올 방법이 없다. 그래서 관계형 DBMS가 필요하다.

> **結 결과 집합**
>
> SQL 쿼리로 가져온 결과

간혹 행을 앞뒤로 이동하며 데이터를 가져와야 할 필요가 있는데, 이럴 때 커서를 사용할 수 있다. 커서는 DBMS 서버에 저장된 쿼리로서 SELECT 문은 아니지만, SELECT 문으로 가져온 결과 집합이다. 커서는 한 번 저장되면, 프로그램에서 필요할 때마다 데이터를 상하로 탐색하면서 검색 결과를 가져올 수 있다.

> ✏️ **SQLite 지원**
>
> SQLite는 스텝이라고 부르는 커서를 지원한다. 이 장에서 설명하는 커서의 기본 개념이 SQLite의 스텝에도 적용될 수 있지만, 문법은 완전히 다르다.

DBMS마다 커서 옵션과 기능을 다르게 지원한다. 다음은 일반적으로 자주 사용하는 커서의 옵션과 기능이다.

* 커서에 읽기 전용으로 표시하여, 데이터를 읽을 수는 있지만 업데이트나 삭제는 못하게 하는 기능
* 방향과 위치를 제어할 수 있는 기능(전방, 후방, 첫 번째, 마지막, 절대 위치, 상대 위치 등)
* 특정한 열만 수정할 수 있게 표시하고, 그 외의 열은 수정하지 못하게 하는 기능
* 커서를 특정한 요청(예를 들어 저장 프로시저 등)이나 모든 요청에 접근할 수 있게 하는 범위 지정 기능
* DBMS에서 가져온 데이터를 복사하여(테이블에 있는 실제 데이터를 가리키는 게 아니라 복사본을 가리킬 수 있게), 커서가 연(open) 후 데이터를 사용하는 사이에 데이터가 변경되지 않게 하는 기능

커서는 사용자가 화면의 데이터를 위, 아래로 탐색하며 필요에 따라 변경할 수 있는 대화형 프로그램에서 자주 사용한다.

커서 사용하기

커서는 다음과 같은 방식으로 사용된다.

* 커서는 반드시 사용하기 전에 선언하여야 한다. 이 절차는 실제 어떤 데이터도 가져오진 않고, 단지 사용할 SELECT 문과 커서 옵션을 정의한다.

- 선언된 커서를 사용하려면, 먼저 커서를 열어야 한다. 그러면 이전에 정의한 SELECT 문으로 데이터를 가져온다.
- 필요할 때마다 데이터를 가진 커서에서 개별 행을 가져온다.
- 커서를 다 사용했으면 커서를 닫고(close), 가능하면 해제시켜야 한다 (DBMS에 따라 다르다).

한 번 커서를 선언하면, 필요할 때마다 몇 번이고 다시 열고 닫을 수 있다. 또한 커서를 한 번 열면 그 안의 데이터를 몇 번이고 가져올(fetch) 수 있다.

커서 만들기

커서는 DECLARE 문을 사용하여 만들 수 있는데, 이 또한 DBMS마다 다르다. DECLARE로 커서 이름을 선언한 다음 SELECT 문을 선언한다. 필요에 따라 WHERE 절이나 다른 절을 사용할 수도 있다. 예제는 이메일 주소가 누락된 고객 정보를 알려줄 때 사용하는 코드로, 이메일 주소가 없는 모든 고객 정보를 가져오는 커서를 만든다.

그럼 Db2, MariaDB, MySQL, SQL Server 버전의 예제를 먼저 살펴보자.

➡ 입력 ▼

```
DECLARE CustCursor CURSOR
FOR
SELECT * FROM Customers
WHERE cust_email IS NULL;
```

다음은 Oracle, PostgreSQL 버전이다.

➡ 입력 ▼

```
DECLARE CURSOR CustCursor
IS
SELECT * FROM Customers
WHERE cust_email IS NULL;
```

☑ **설명 ▼**

두 버전에서 모두 DECLARE 문을 사용해 CustCursor라는 이름의 커서를 정의하였다. SELECT 문은 이메일 주소가 없는(NULL 값인) 고객 정보를 가져오는 커서를 정의한다.

이제 커서가 정의되었으니, 커서를 사용해보자.

커서 사용하기

커서는 OPEN CURSOR 문을 사용하여 동작시킬 수 있는데, 이는 매우 간단할 뿐만 아니라 대부분의 DBMS에서 모두 똑같은 문법을 지원한다.

➡ **입력 ▼**

```
OPEN CURSOR CustCursor
```

☑ **설명 ▼**

OPEN CURSOR 문이 처리될 때 쿼리가 수행되며, 나중에 탐색하거나 가져오기 위해 데이터를 저장한다.

이제 FETCH 문을 이용하여 데이터에 접근할 수 있다. FETCH는 어떤 행을 가져올지, 어디서부터 가져올지 그리고 어디에 저장할지(예를 들면 변수명 등)를 정의한다. 첫 번째 예제는 커서에서 맨 위에 있는 한 행을 가져오기 위한 Oracle 문법이다.

➡ **입력 ▼**

```
DECLARE TYPE CustCursor IS REF CURSOR
    RETURN Customers%ROWTYPE;
DECLARE CustRecord Customers%ROWTYPE
BEGIN
    OPEN CustCursor;
    FETCH CustCursor INTO CustRecord;
    CLOSE CustCursor;
END;
```

☑ 설명 ▼

이 예제에서 FETCH는 현재 행(자동으로 첫 번째 행에서 시작한다)을 가져와서 CustRecord 라는 변수에 저장하였다. 예제에서는 가져온 데이터로 아무런 작업도 하지 않는다.

이번에도 Oracle 문법인데, 커서의 첫 번째 행부터 마지막 행까지 루프를 도는 예제이다.

➜ 입력 ▼

```
DECLARE TYPE CustCursor IS REF CURSOR
    RETURN Customers%ROWTYPE;
DECLARE CustRecord Customers%ROWTYPE
BEGIN
    OPEN CustCursor;
    LOOP
    FETCH CustCursor INTO CustRecord;
    EXIT WHEN CustCursor%NOTFOUND;
    ...
    END LOOP;
    CLOSE CustCursor;
END;
```

☑ 설명 ▼

이전 예제와 같이 이 예제도 CustRecord라고 선언된 변수에 현재 행을 저장한다. 하지만 이 번 예제의 FETCH 문은 LOOP 안에 있어서 현재 행을 가져오는 것을 반복한다. EXIT WHEN CustCursor%NOTFOUND 코드는 더 가져올 행이 없을 때 루프를 빠져나가게 한다. 이 예제에 서도 실제로 무엇을 처리하거나 작업진 않는데, 실제로 커서를 사용하면 ... 부분에 여러분 이 필요한 코드를 넣어 사용하면 된다.

다른 예문을 하나 더 보자. 이번에는 Microsoft SQL Server 문법을 사용하였다.

➜ 입력 ▼

```
DECLARE @cust_id CHAR(10),
        @cust_name CHAR(50),
        @cust_address CHAR(50),
        @cust_city CHAR(50),
        @cust_state CHAR(5)
        @cust_zip CHAR(10),
```

```
            @cust_country CHAR(50),
            @cust_contact CHAR(50),
            @cust_email CHAR(255)
OPEN CustCursor
FETCH NEXT FROM CustCursor
    INTO @cust_id, @cust_name, @cust_address,
         @cust_city, @cust_state, @cust_zip,
         @cust_country, @cust_contact, @cust_email
...
WHILE @@FETCH_STATUS = 0
BEGIN

FETCH NEXT FROM CustCursor
    INTO @cust_id, @cust_name, @cust_address,
         @cust_city, @cust_state, @cust_zip,
         @cust_country, @cust_contact, @cust_email
...
END
CLOSE CustCursor
```

☑ 설명 ▼

이 예제에서는 가져오는 열에 대한 변수를 각각 선언하였고, FETCH 문으로 행을 가져와 변수
에 저장하였다. WHILE 문은 행을 반복하기 위해 사용되었는데, WHILE @@FETCH_STATUS =
0 조건을 만족하면(더 가져올 행이 없을 때) 반복문을 빠져나온다. 다시 한번 말하지만, 이 예
제에서도 실제로 무엇을 처리하거나 작업하진 않는데, 실제로 커서를 사용하려면 ... 부분에
여러분이 필요한 코드를 넣어 사용하면 된다.

커서 닫기

이전 예제에서 이미 언급한 바 있는데, 사용이 끝난 커서는 닫아야 한다. 뿐만
아니라, SQL Server와 같은 일부 DBMS에서는 커서가 사용한 리소스를 명시적
으로 해제해야 한다. Db2, Oracle, PostgreSQL에서는 다음 문법을 사용한다.

➡ 입력 ▼

```
CLOSE CustCursor
```

Microsoft SQL Server의 문법은 다음과 같다.

⬇ 입력 ▼

```
CLOSE CustCursor
DEALLOCATE CURSOR CustCursor
```

☑ 설명 ▼

CLOSE 구문은 커서를 닫는 데 사용된다. 커서가 닫히면, 다시 열기 전에는 사용할 수 없다. 한편 다시 사용할 때는 커서를 또다시 선언할 필요가 없고, OPEN 문으로 열기만 하면 된다.

정리해보자!

이번 장에서는 커서가 무엇이고 왜 사용해야 하는지를 배웠다. 여기서 언급한 것 외에도 여러분이 사용하는 DBMS가 다른 형태의 기능을 제공할지도 모르니 매뉴얼을 살펴보기 바란다.

22장

고급 데이터 조작 옵션

이 장에서는 제약 조건, 인덱스, 트리거와 같이 SQL과 함께 발전한 고급 데이터 조작 기능을 살펴본다.

제약 조건 이해하기

SQL은 여러 차례의 버전 업그레이드를 거쳐 매우 완전하면서도 강력한 언어가 되었다. 이런 강력한 기능들은 제약 조건과 같은 데이터 조작 기술을 제공한다.

관계형 테이블과 참조 무결성은 이전 장에서 여러 번 다룬 적이 있다. 그때 설명한 것처럼, 관계형 데이터베이스는 데이터를 여러 테이블에 나누어 저장하고, 각 테이블은 관련된 데이터를 가진다. 한 테이블과 다른 테이블을 참조할 때는 키를 사용한다(그래서 참조 무결성이라는 용어를 사용한다).

관계형 데이터베이스 설계가 제대로 작동하려면, 유효한 데이터만 테이블에 삽입한다는 보장이 필요하다. 예를 들어 Orders 테이블은 주문 정보를 저장하고 OrderItems는 주문의 상세 내역을 저장한다면, OrderItems에서 참조하고 있는 주문 ID는 Orders에도 있다는 것을 보장받아야 한다. 또 Orders에서 참조하는 고객 ID는 Customers 테이블에 반드시 있어야 한다.

새로운 행을 삽입하기 전에 다른 테이블과 관련된 값들이 존재하고 유효한지 확인해볼 수 있지만, 다음 이유로 이를 피하는 것이 좋다.

- 클라이언트 레벨에서 데이터 무결성 규칙을 확인한다면, 모든 클라이언트가 이 규칙을 확인해야 하는데 일부 클라이언트가 제대로 확인하지 않을 수도 있다.
- UPDATE와 DELETE 작업에서도 이 규칙을 확인해야 한다.
- 클라이언트에서 무결성을 확인하는 것은 시간이 많이 소요되는 방법이다. DBMS가 확인하는 것이 훨씬 효율적이다.

📑 제약 조건

데이터베이스 데이터를 어떻게 삽입하고 조작할 것인지 통제하는 규칙

DBMS는 데이터베이스 테이블에 제약 조건을 정의해 참조 무결성을 보장한다. 대부분의 제약 조건은 테이블 정의에 명시된다(17장에서 설명한 CREATE TABLE이나 ALTER TABLE을 사용).

⚠ 제약 조건은 DBMS마다 다르다

제약 조건은 여러 가지 유형이 존재하고 DBMS마다 지원하는 수준이 다르므로, 여기에 나오는 예제는 여러분의 작업 환경에서 동작하지 않을 수도 있다. 시작하기 전에 여러분이 사용하는 DBMS의 매뉴얼을 살펴보기 바란다.

기본 키

기본 키(Primary Key)는 1장 "SQL 이해하기"에서 간략히 설명하였다. 기본 키는 특별한 제약 조건으로서 열(또는 열 집합)에 있는 값이 고유하면서 절대 변하지 않는다는 것을 보장하기 위해 사용한다. 풀어서 설명하면, 테이블의 열(또는 열 집합)로 테이블에 있는 행을 고유하게 구별할 수 있는 값을 가진다. 그리고 특정한 행을 매우 쉽게 조작할 수 있게 해준다. 기본 키가 없다면 다른 행에 영향을 주지 않고 특정 행만 안전하게 업데이트하거나 삭제하는 것이 매우 힘들다.

다음 조건만 만족한다면, 테이블에 있는 열은 어떤 열이든 기본 키로 설정할 수 있다.

- 두 개 이상의 행이 같은 기본 키 값을 가질 수 없다.
- 모든 행은 기본 키 값을 반드시 가져야 한다(기본 키 열은 NULL 값을 허용하면 안 된다).
- 기본 키 값을 가진 열은 변경하거나 업데이트할 수 없다(대부분의 DBMS는 기본 키 열에 대한 변경을 불가능하도록 설정하는데, 만약 여러분이 사용하는 DBMS가 허용한다고 하더라도 그렇게 하면 안 된다).
- 기본 키 값은 절대 다시 사용되어서는 안 된다. 테이블에서 행이 삭제되더라도, 그 값이 다른 행에 다시 할당되어서는 안 된다.

기본 키의 정의법 중 하나는 다음과 같이 테이블을 생성할 때 정의하는 것이다.

➜ 입력 ▼

```
CREATE TABLE Vendors (
    vend_id        CHAR(10)    NOT NULL PRIMARY KEY,
    vend_name      CHAR(50)    NOT NULL,
    vend_address   CHAR(50)    NULL,
    vend_city      CHAR(50)    NULL,
    vend_state     CHAR(5)     NULL,
    vend_zip       CHAR(10)    NULL,
    vend_country   CHAR(50)    NULL
);
```

☑ 설명 ▼

이 예제에서는 PRIMARY KEY 키워드가 테이블 정의에 추가되었는데, 이는 vend_id를 기본 키로 하겠다는 의미이다.

➜ 입력 ▼

```
ALTER TABLE Vendors ADD CONSTRAINT PRIMARY KEY(vend_id);
```

☑ 설명 ▼

여기에서는 같은 열을 기본 키로 정의하였지만, CONSTRAINT 키워드를 사용하였다. 이 키워드는 CREATE TABLE과 ALTER TABLE 구문에서 사용할 수 있다.

> ✎ **SQLite에서의 키**
>
> SQLite는 ALTER TABLE로 키를 정의하지 못하도록 하기 때문에 CREATE TABLE에서 테이블을 생성할 때 기본 키를 정의해야 한다.

외래 키

외래 키(Foreign Key)는 테이블에 있는 열이면서 그 값이 다른 테이블의 기본 키 값 중에 꼭 존재해야 하는 열이다. 외래 키는 참조 무결성을 보장하는 데 대단히 중요한 역할을 한다. 외래 키를 이해하기 위해 예제를 보자.

Orders 테이블은 시스템에 들어가는 주문을 하나의 행으로 저장한다. 고객 정보는 Customers 테이블에 저장된다. Orders 테이블에 있는 주문은 고객 ID로 Customers 테이블과 연결되는데, 고객 ID는 고객의 고유 ID로서 Customers 테이블에서 기본 키로 정의되어 있다. Orders 테이블에서 주문 번호는 주문을 구별해 주는 고유한 값이며 기본 키이다.

Orders 테이블에서 고객 ID 열 값이 고유할 필요는 없다. 어떤 고객이 주문을 여러 번 한 경우에는 여러 행이 같은 고객 ID를 가질 수 있기 때문이다(대신 고유한 주문 번호를 갖긴 한다). 동시에 Orders 테이블에 있는 고객 ID의 값은 반드시 Customers 테이블에 존재하는 값이어야 한다 .

다음 예제에서는 Orders에 있는 고객 ID 열을 외래 키로 정의하였는데, 이 열은 Customers 테이블에 있는 값만 허용한다. 그럼 외래 키를 정의하는 방법을 살펴보자.

📥 **입력 ▼**

```
CREATE TABLE Orders
(
    order_num    INTEGER     NOT NULL PRIMARY KEY,
    order_date   DATETIME    NOT NULL,
    cust_id      CHAR(10)    NOT NULL REFERENCES Customers(cust_id)
);
```

☑ **설명 ▼**

이 테이블 정의에서는 REFERENCES 키워드를 사용하여 cust_id를 외래 키로 정의하였다. cust_id 열 값은 반드시 Customers 테이블에 존재해야 한다.

ALTER TABLE 문에서는 CONSTRAINT 문을 사용하여 같은 결과를 얻을 수 있다.

➡ **입력 ▼**

```
ALTER TABLE Orders
ADD CONSTRAINT
FOREIGN KEY(cust_id) REFERENCES Customers(cust_id);
```

💡 **외래 키는 실수로 데이터를 삭제하는 것을 막아준다.**

16장 "데이터 업데이트와 삭제"에서 본 것처럼 외래 키는 참조 무결성을 유지하는 데 도움을 준다. 또 외래 키가 정의되면, DBMS는 다른 테이블과 연결된 행은 삭제할 수 없다. 예를 들면 주문 테이블과 연결된 고객 정보는 삭제할 수 없다. 고객을 삭제하려면, 연결된 주문을 먼저 삭제해야만 한다. 마찬가지로 이 주문을 삭제하려면 연결된 주문 항목부터 삭제해야 한다는 뜻이다. 이러한 삭제 방식 덕분에 외래 키는 실수로 데이터를 삭제하는 것을 막아준다. 그렇지만 일부 DBMS는 계단식 삭제라고 부르는 기능을 지원하는데, 이것은 테이블에서 행이 삭제되면 관련된 행을 모두 삭제하는 기능이다. 예를 들어 계단식 삭제 기능을 사용할 때 Customers 테이블에서 고객을 삭제하면, 관련된 행은 모두 자동으로 삭제되는 것이다.

고유 키 무결성 제약 조건

고유 키 무결성 제약 조건(Unique Constraint)은 열(또는 열 집합)에 있는 모든 데이터가 동일한 값을 가질 수 없음을 정의하는 제약 조건이다. 기본 키와 비슷해 보이지만, 몇 가지 차이점이 있다.

· 테이블은 여러 고유 키 무결성 제약 조건을 가질 수 있지만, 기본 키는 한 테이블에 하나만 정의되어야 한다.

- 고유 키 무결성 제약 조건 열은 NULL 값을 가질 수 있다.
- 고유 키 무결성 제약 조건 열은 변경되거나 업데이트될 수 있다.
- 고유 키 무결성 제약 조건 열의 값은 재사용될 수 있다.
- 기본 키와는 달리 고유 키 무결성 제약 조건은 외래 키로 정의되어 사용될 수 없다.

업무에서 많이 사용하는 Employees 테이블이 이 제약 조건을 사용한 예이다. 모든 직원은 고유한 주민등록번호를 갖고 있지만, 너무 길기 때문에 기본 키로 사용하지 않는다. 또한 주민등록번호를 너무 쉽게 사용하면 곤란하다는 것도 하나의 이유가 될 수 있다. 그래서 기본 키로는 주민등록번호가 아닌 직원 ID 를 사용한다.

직원 ID는 기본 키이기 때문에, 고유하다는 것을 확신할 수 있다. 그리고 주민등록번호도 고유하다는 것을 보장받아야 한다(오타로 다른 사람의 번호를 사용하는 것을 막기 위해). 그러면 주민등록번호 열에 고유 키 무결성 제약 조건을 정의하면 된다.

고유 키 무결성 제약 조건 문법은 다른 제약 조건과 비슷하다. 테이블을 정의할 때 UNIQUE 키워드를 사용하거나 CONSTRAINT를 사용하면 된다.

체크 무결성 제약 조건

체크 무결성 제약 조건(Check Constraint)은 열에서 허용 가능한 데이터의 범위나 조건을 지정하기 위한 제약 조건이다. 일반적인 용도는 다음과 같다.

- 최솟값이나 최댓값 확인
  (예) 제품수량이 0이 될 수 없게 한다(0이 유효한 숫자라도).
- 범위 지정
  (예) 배송 날짜는 오늘이거나 오늘 이후여야 하고, 현재 날짜에서 1년 이내 여야 한다.
- 특정 값만 허용
  (예) 성별 필드에 M과 F만 허용한다.

1장에서 다룬 데이터형은 열에 저장하는 데이터의 형식을 제한한다면, 체크 무결성 제약 조건은 데이터형 내에서 좀 더 제한을 둘 수 있다. 그리고 데이터베이스에 원하는 데이터만 삽입하는 것을 보장하는 역할을 한다. 클라이언트 프로그램에 의존하거나 사용자가 올바르게 입력하기를 기대하는 것보다 DBMS가 유효하지 않은 데이터는 모두 거절하는 것이다.

다음 예제는 OrderItems 테이블에 체크 무결성 제약 조건을 정의해 제품 수량이 1 이상인 것을 보장한다.

⊐ 입력 ▼

```
CREATE TABLE OrderItems
(
    order_num    INTEGER    NOT NULL,
    order_item   INTEGER    NOT NULL,
    prod_id      CHAR(10)   NOT NULL,
    quantity     INTEGER    NOT NULL CHECK (quantity > 0),
    item_price   MONEY      NOT NULL
);
```

☑ 설명 ▼

이 제약 조건으로 새로운 행을 삽입하거나 업데이트할 때 quantity가 0보다 큰지 확인한다.

gender 열이 M이나 F값을 가졌는지 확인하려면 ALTER TABLE 구문에서 다음과 같이 제약 조건을 추가한다.

⊐ 입력 ▼

```
ADD CONSTRAINT CHECK (gender LIKE '[MF]')
```

> **♀ 사용자 정의 데이터형**
>
> 일부 DBMS에서는 사용자가 직접 데이터형을 정의할 수 있다. 사용자 데이터형은 사실 체크 무결성 제약 조건이나 다른 제약 조건을 사용하여 만든 데이터형이다. 예를 들어 체크 무결성 제약 조건으로 M과 F라는 한 글자만을 허용하는 gender라는 데이터형을 정의하면, 이 데이터형을 테이블 정의에 사용할 수 있다. 이 데이터형의 장점은 데이터형을

정의할 때 제약 조건을 한 번만 사용해도 데이터형이 사용될 때마다 자동으로 적용된다는 점이다. 여러분이 사용하는 DBMS가 사용자 정의 데이터형을 지원하는지는 매뉴얼을 확인해보자.

인덱스 이해하기

인덱스는 데이터를 논리적으로 정렬해 검색과 정렬 작업 시 속도를 높이는 데 사용한다. 인덱스를 이해하기 가장 좋은 방법은, 예컨대 이 책 뒤에 있는 찾아보기를 갖고 생각해보는 것이다.

이 책에서 '데이터형'이라는 단어가 언급된 곳을 모두 찾고 싶다고 가정해보자. 가장 간단한 방법은 첫 페이지부터 마지막 페이지까지 '데이터형'이라는 단어가 쓰였는지를 한 줄 한 줄 확인해보는 것이다. 이런 작업은 실행 가능한 해결책은 아니다. 몇 페이지를 확인하는 것은 가능하겠지만, 전체 페이지를 이런 식으로 확인하는 것은 매우 비효율적이기 때문이다. 문서 양이 많아질수록 원하는 단어를 찾는 시간은 더 많이 소요된다. 그러므로 책에 찾아보기가 있는 것이다. 찾아보기는 책에서 나온 단어를 가나다순으로 나열하여 그 단어가 있는 위치를 쉽게 찾아볼 수 있도록 한다. 데이터형이 나온 페이지를 확인하려면 찾아보기에서 그냥 '데이터형'만 찾으면 된다. 그런 다음 그 단어가 나온 페이지로 이동한다.

찾아보기의 원리는 무엇일까? 간단하게 말해, 올바른 정렬에 있다. 책에서 단어를 찾을 때 힘든 이유는 찾아야 하는 내용이 많아서가 아니라, 내용이 단어 순서대로 정렬되지 않았기 때문이다. 사전처럼 내용이 정렬되어 있다면, 찾아보기는 필요하지 않다(그러므로 사전에는 찾아보기가 없다).

데이터베이스 인덱스는 매우 비슷한 원리로 동작한다. 기본 키 데이터는 항상 정렬되어 있어서, 기본 키로 특정 데이터를 가져오는 것은 언제나 빠르면서 동시에 효율적인 작업이다. 하지만, 다른 열로 값을 찾는 것은 보통 기본 키로 찾는 것만큼 효율적이지 않다. 예를 들어 특정한 도시에 사는 모든 고객을 가져오려면 어떨까? 테이블이 도시명으로 정렬되지 않았기 때문에 DBMS는 테이블에 있는 모든 행을 처음부터 읽으면서 일치하는 것이 있는지 찾아야 한다. 마치 찾아보기가 없을 때 책에서 단어를 찾기 위해 노력하는 것과 같다.

해결책은 인덱스를 사용하는 것이다. 하나 이상의 열을 인덱스로 정의할 수 있는데, 인덱스로 정의한 열은 DBMS가 내용을 정렬해서 저장해놓는다. 인덱스를 정의하면, DBMS는 책에서 찾아보기를 사용할 때와 거의 비슷한 방식으로 찾는다. 정렬된 인덱스를 검색해서 원하는 데이터의 위치를 먼저 알아내고, 그 위치에서 특정 행을 가져온다.

인덱스를 만들 때는 다음 내용을 염두에 두자.

- 인덱스는 검색 성능을 개선하지만, 데이터 삽입, 수정, 삭제 성능은 저하된다. 이런 작업을 수행할 때마다 DBMS는 인덱스를 동적으로 업데이트해야 하기 때문이다.
- 인덱스 데이터는 저장 공간을 많이 차지한다.
- 모든 데이터가 인덱스에 적합한 것은 아니다. 충분히 고유하지 않은 데이터 (예를 들어 도시명)는 성과 이름 같은 데이터보다 인덱스로 정의하여 얻는 이득이 별로 없다.
- 인덱스는 데이터 필터링과 정렬에 사용된다. 특정 순서로 데이터를 자주 정렬한다면, 그 데이터는 인덱싱 후보가 될 수 있다.
- 여러 열을 하나의 인덱스로 정의할 수 있다(예를 들어 도 이름+도시명). 이러한 인덱스는 도 이름+도시명 순서대로 데이터를 정렬할 때만 사용한다 (만약 데이터를 도시명으로만 정렬하길 원한다면 이 인덱스는 쓸모가 없다).

어떤 열을 언제 인덱스로 정의해야 하는지에 대한 특별한 규칙은 없지만, 많은 DBMS가 인덱스의 효과를 검증하기 위해 사용할 수 있는 유틸리티를 제공한다. 이 유틸리티를 정기적으로 사용하기를 권한다.

인덱스는 CREATE INDEX 구문으로 생성할 수 있다(이 역시 DBMS마다 차이가 심하다). 다음 문장은 Products 테이블의 제품명으로 인덱스를 생성하는 예제이다.

⤵ 입력 ▼

```
CREATE INDEX prod_name_ind
ON Products (prod_name)
```

☑ 설명 ▼

모든 인덱스는 고유한 이름을 가져야 한다. 여기에서는 prod_name_ind라는 이름을 사용하였고, CREATE INDEX 키워드 다음에 정의하였다. ON은 인덱스를 정의하는 테이블을 지정하기 위해 사용한다. 인덱스에 포함되는 열은(이 예제에서는 하나) 테이블 이름 다음에 괄호로 묶어서 지정할 수 있다.

> **♀ 정기적인 인덱스 점검**
>
> 인덱스의 효과는 테이블에 데이터를 추가하거나 변경하면서 변한다. 많은 데이터베이스 관리자들은 몇 달간 데이터를 조작하고 나면, 한동안 이상적이라고 생각했던 인덱스가 이상적이지 않을 수 있다는 것을 알게 된다. 필요할 때마다 정기적으로 인덱스를 다시 정리하는 것이 좋다.

트리거 이해하기

트리거는 특정한 데이터베이스 작업이 발생하면 자동으로 수행되는 특별한 저장 프로시저로서, 특정한 테이블에 INSERT, UPDATE, DELETE와 같은 작업(또는 이들의 조합)이 일어나면 자동으로 실행되는 코드이다.

　단순히 SQL 문을 저장해놓은 것일 뿐인 저장 프로시저와는 달리, 트리거는 테이블과 묶여서 동작한다. Orders 테이블의 INSERT 작업에 정의한 트리거는 Orders 테이블에 새로운 행을 삽입할 때만 수행되고, Customers 테이블의 INSERT나 UPDATE 작업에 정의한 트리거는 Customers 테이블에서 지정한 작업이 일어날 때만 수행된다.

　트리거는 다음과 같은 데이터에 접근할 수 있다.

- INSERT 작업으로 추가된 데이터
- UPDATE 작업으로 처리한 이전 데이터와 새로운 데이터
- DELETE 작업으로 삭제한 데이터

트리거는 지정한 작업이 수행되기 전 또는 후에 수행되는데, 이는 DBMS에 따라 다르다. 트리거의 일반적인 용도는 다음과 같다.

- 데이터 일관성 보장

  (예) INSERT나 UPDATE 작업을 수행할 때 모든 도시명을 대문자가 되게 한다.

- 테이블의 변화를 감지하여 특정한 작업을 수행

  (예) 행을 업데이트하거나 삭제할 때마다 로그 테이블에 기록한다.

- 추가적인 데이터 유효성 검사나 데이터 롤백 수행

  (예) 고객의 신용 한도가 초과하였는지 확인하고, 초과한 경우 데이터 추가를 막는다.

- (총액처럼) 다른 열들의 값을 기초로 어떠한 계산을 하거나 타임스탬프를 갱신

아마 지금쯤은 트리거 생성 문법은 DBMS마다 현저하게 다르다는 것을 예상하고 있을지도 모르겠다. 더 자세한 사항을 확인하려면 여러분이 사용하는 DBMS의 매뉴얼을 살펴보기 바란다.

다음은 SQL Server에서 Customers 테이블에 INSERT나 UPDATE 작업을 할 때마다 cust_state 열을 대문자로 변환하는 트리거를 생성하는 예제이다.

⇥ 입력 ▼

```
CREATE TRIGGER customer_state
ON Customers
FOR INSERT, UPDATE
AS
UPDATE Customers
SET cust_state = Upper(cust_state)
WHERE Customers.cust_id = inserted.cust_id;
```

이번에는 Oracle과 PostgreSQL 비전이다.

→] 입력 ▼

```
CREATE TRIGGER customer_state
AFTER INSERT OR UPDATE
FOR EACH ROW
BEGIN
UPDATE Customers
SET cust_state = Upper(cust_state)
WHERE Customers.cust_id = :OLD.cust_id
END;
```

> **♀ 제약 조건이 트리거보다 빠르다**
>
> 제약 조건이 트리거보다 훨씬 빨리 처리되므로, 가능하다면 트리거 대신 제약 조건을 사용하길 바란다.

데이터베이스 보안

조직에 데이터보다 더 중요한 건 없다고 말해도 과언이 아니다. 그래서 데이터는 항상 잘 보호되어야 하고, 동시에 사용자가 필요한 데이터에 접근할 수 있어야 한다. 그래서 대부분의 DBMS는 관리자에게 데이터 접근 권한을 부여하거나 제재하는 메커니즘을 제공한다.

보안 시스템의 기본은 사용자 승인과 인증이다. 이것은 사용자가 본인이 누구라고 밝히는 것과 허용된 작업을 수행할 수 있는지 확인하는 절차이다. 몇몇 DBMS는 운영체제 보안과 통합해서 사용하기도 하고, 어떤 DBMS는 데이터베이스 내부에서 각자 사용자와 패스워드 목록을 보관하기도 한다. 또 어떤 DBMS는 외부의 서버와 연동하여 관리하기도 한다.

보안이 적용되어야 할 작업은 일반적으로 다음과 같다.

- 테이블 생성, 변경, 삭제와 같은 데이터베이스 관리 기능에 대한 접근
- 특정 데이터베이스나 테이블에 대한 접근
- '읽기 전용', '특정 열에만 접근'과 같은 접근 유형
- 뷰나 저장 프로시저를 통해서만 접근할 수 있는 테이블 지정

- 로그인한 계정에 따라 접근과 제어 권한을 다양하게 부여하는 다단계 보안 레벨 생성
- 사용자 계정 관리 권한

보안은 SQL GRANT와 REVOKE 문으로 관리할 수 있는데, 대부분의 DBMS가 대화형 관리자 유틸리티를 제공한다. 이 유틸리티 내부에서 GRANT와 REVOKE 문을 사용한다는 점을 알아두자.

정리해보자!

이번 장에서는 몇 가지 고급 SQL 기능을 사용하는 방법에 대해 배웠다. 제약 조건은 참조 무결성을 보장하는 데 중요한 역할을 하고, 인덱스는 데이터 검색 성능을 향상한다. 트리거는 지정한 특정 작업을 처리하기 이전 또는 이후에 수행되는 작업을 말한다. 그리고 보안 옵션은 데이터 접근 권한을 관리하는 데 사용된다. 여러분이 사용하는 DBMS에서도 이 중에서 몇 가지 기능을 제공할 것인데, 더 상세한 정보는 사용하는 DBMS의 매뉴얼을 살펴보기 바란다.

부록 A

샘플 테이블 스크립트

SQL 문을 작성하려면 데이터베이스가 어떻게 설계되어 있는지 이해해야 한다. 즉, 정보가 어떤 테이블에 저장되고, 테이블이 어떤 관계로 엮여 있으며, 데이터가 한 행에 어떻게 쪼개져 들어가 있는지를 모른다면 효과적인 SQL을 작성하는 것은 불가능하다.

각 장에 나온 모든 예제는 공통적인 데이터 파일을 사용한다. 예제를 좀 더 잘 이해하도록 이번에는 각 장에서 사용하는 테이블과 테이블 간의 관계, 그리고 테이블을 생성하는 방법을 설명한다.

샘플 테이블 이해하기

이 책 전반에 걸쳐서 사용되는 테이블은 가상의 장난감 회사에서 사용하는 주문 입력 시스템의 일부이다. 다음 작업을 수행하려면 테이블을 사용해야 한다.

- 판매처 관리
- 제품 목록 관리
- 고객 목록 관리
- 고객 주문 입력

이 작업에는 관계형 데이터베이스의 일부분으로 긴밀히 연결된 다섯 개의 테이블이 필요하다. 각 테이블은 다음 절에서 설명한다.

> ✏️ **단순화된 예제**
>
> 책에서 나온 테이블은 결코 완전하지 않다. 실제 주문 입력 시스템은 여기에 포함되지 않은 데이터(예를 들어 결제나 계정 정보, 배송 추적 정보 등등)를 갖고 있어야 한다. 이 책의 예제 테이블은 여러분이 실무에서도 마주칠 법한 데이터 구조와 관계를 보여준다. 따라서 여기서 서술하는 기술과 기법은 여러분이 사용하는 데이터베이스에 충분히 적용할 수 있다.

테이블 설명

다음은 다섯 개의 테이블과 각 테이블에 있는 열 이름과 열을 설명한다.

Vendors 테이블

Vendors 테이블은 판매처 정보를 저장한다. 이 테이블에 있는 각 판매처는 하나의 행에 저장되고, 판매처 ID(vend_id) 열은 제품 테이블과 연결할 때 사용한다.

열	설명
vend_id	고유한 판매처 ID
vend_name	판매처명
vend_address	판매처 주소
vend_city	판매처 시
vend_state	판매처 주(미국의 행정구역인 주를 의미한다)
vend_zip	판매처 우편번호
vend_country	판매처 국가

표 A-1 판매처 테이블 열

모든 테이블에는 기본 키가 정의되어 있어야 한다. 이 테이블에서는 vend_id를 기본 키로 사용한다.

Products 테이블

Products 테이블은 제품 목록을 저장하며, 한 행에 하나의 제품을 저장한다.

각 제품은 고유한 제품 ID(prod_id 열)를 가지며, vend_id(판매처 ID)와 연결되어 있다.

열	설명
prod_id	고유한 제품 ID
vend_id	제품의 판매처 ID (Vendors 테이블의 vend_id와 연결된다.)
prod_name	제품명
prod_price	제품 가격
prod_desc	제품에 대한 설명

표 A-2 제품 테이블 열

* 모든 테이블에는 기본 키가 정의되어 있어야 한다. 이 테이블에서는 prod_id를 기본 키로 사용한다.
* 참조 무결성을 지키기 위해 vend_id라는 외래 키가 정의되어 Vendors 테이블의 vend_id와 연결된다.

Customers 테이블

Customers 테이블은 고객 정보를 저장한다. 각 고객은 cust_id라는 고유한 ID를 갖는다.

모든 테이블에는 기본 키가 정의되어 있어야 한다. 이 테이블에서는 cust_id를 기본 키로 사용한다.

열	설명
cust_id	고유한 고객 ID
cust_name	고객 이름
cust_address	고객 주소
cust_city	고객 주소 시
cust_state	고객 주소 주
cust_zip	고객 주소 우편번호
cust_country	고객 주소 국가
cust_contact	고객 연락처명
cust_email	고객 이메일 주소

표 A-3 고객 테이블 열

Orders 테이블

Orders 테이블은 주문 정보(단, 상세한 정보는 아니다)를 저장한다. 각 주문은 order_num이라는 고유한 주문 번호를 갖는다. 주문 정보는 cust_id 열 (Customers 테이블에서 고유한 고객 ID)로 주문한 고객과 연결된다.

열	설명
order_num	고유한 주문 번호
order_date	주문 날짜
cust_id	주문한 고객 ID(Customers 테이블의 cust_id와 연결된다.)

표 A-4 주문 테이블 열

- 모든 테이블에는 기본 키가 정의되어 있어야 한다. 이 테이블에서는 order_num을 기본 키로 사용한다.
- 참조 무결성을 지키기 위해 cust_id라는 외래 키가 정의되어 Customers 테이블의 cust_id와 연결된다.

OrderItems 테이블

OrderItems 테이블은 각 주문에 대한 세부적인 내역을 저장한다. Orders 테이블에 있는 한 행(주문 하나)은 OrderItems에서는 하나 이상의 행이 될 수 있다. 즉, 하나의 주문 번호에는 여러 개의 세부 주문들이 들어 있다. 각 행은 주문 번호와 제품 번호의 조합으로 고유하게 구별된다. 제품은 order_num이라는 열과 연결되는데, 이 열은 Orders 테이블에서 주문을 고유하게 구분하는 주문 번호이다. 그리고 각 주문은 제품 ID를 갖고 있는데, 이 역시 Products 테이블과 연결된다.

열	설명
order_num	주문 번호(Orders 테이블의 order_num과 연결된다.)
order_item	주문 항목 번호(하나의 주문 번호에 포함된 복수의 주문 항목에 따라 이 번호는 차례대로 증가한다)
prod_id	제품 ID(Products 테이블에서 prod_id와 연결된다.)
quantity	제품 수량
item_price	제품 가격

표 A-5 주문 항목 테이블 열

- 모든 테이블에는 기본 키가 정의되어 있어야 한다. 이 테이블에서는 order_num과 order_item을 기본 키로 사용한다.
- 참조 무결성을 지키기 위해 order_num과 prod_id라는 외래 키가 정의되었다. order_num은 Orders 테이블과, prod_id는 Products 테이블과 연결된다.

데이터베이스 관리자는 데이터베이스 테이블의 연결 관계를 보여주기 위해 관계 다이어그램을 자주 사용한다. 앞의 설명에서 명시된 관계를 정의하는 것은 외래 키라는 것을 기억하자. 그림 A-1은 여기서 설명한 다섯 개의 테이블의 관계도이다.

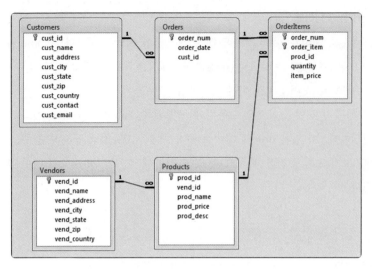

그림 A-1 테이블 관계 다이어그램

샘플 테이블 다운로드

예제를 따라 하기 위해, 데이터가 있는 테이블이 필요하다. 이 책에서 여러분이 필요로 하는 모든 데이터는 모두 책의 홈페이지인 *http://forta.com/books/0135182794/*에서 다운로드할 수 있다. 위의 URL로 이동하면 여러분이 사용하는 DBMS의 스크립트를 다운로드할 수 있는 링크가 있다.

> ⚲ **유경험자라면 도전!**
> 이 책의 홈페이지에 있는 파일은 SQL 문이 들어 있는 텍스트 파일들이다. 이미 SQL을 써본 경험이 있거나 데이터베이스 세팅이 가능한 분들은 직접 DBMS의 클라이언트 프로그램을 설치해 사용해 볼 것을 권한다. 하지만 이것이 자신 없는 분들은 부록 B를 참고하길 바란다.

각 DBMS에 맞는 다음과 같은 두 가지 파일이 있다.

· create.txt는 다섯 개의 데이터베이스 테이블을 생성하기 위한 SQL 문을 갖

고 있다. 여기에는 기본 키와 외래 키 제약 조건도 포함된다.

- populate.txt는 테이블에 데이터를 넣기 위해 사용되는 SQL INSERT 문을 갖고 있다.

이 파일에 있는 SQL 문은 DBMS별로 다르므로, 자신이 사용하는 DBMS에 맞는 파일인지 실행하기 전에 꼭 확인해보자. 이런 스크립트는 독자의 편의를 위해 제공하는 것이기 때문에 이 스크립트를 사용해서 문제가 생기는 점에 대해서는 책임을 지지 않는다는 점을 알아두기 바란다.

사용 가능한 스크립트는 다음과 같다.

- IBM Db2 (Db2 on Cloud 포함)
- Microsoft SQL Server(Microsoft SQL Server Express 포함)
- MariaDB
- MySQL
- Oracle(Oracle Express 포함)
- PostgreSQL
- SQLite

💡 SQLite 데이터 파일

SQLite는 데이터를 하나의 파일에 저장한다. 여러분 고유의 SQLite 데이터 파일을 생성하기 위해 위의 생성과 삽입 스크립트를 사용할 수 있다. 그렇지 않고 좀 더 빨리 데이터를 만들기 원한다면 URL을 통해 즉시 사용할 수 있는 파일을 다운로드할 수 있다.

요청이 있다면(책 출간 후) 다른 DBMS용 파일도 추가해뒀을 수 있다.

✏️ 테이블을 생성하고, 데이터를 삽입하자.

데이터 삽입 스크립트를 실행하기 전에 반드시 생성 스크립트를 먼저 실행해야 한다. 이 스크립트에서 에러가 발생하면 반환된 메시지를 통해 어떤 문제인지 알 수 있다. 생성 스

크립트가 실패하면, 데이터를 삽입할 수 없으므로 계속 진행하기 전에 문제를 반드시 해결해야 한다.

🖉 DBMS별 설치 방법

사용하는 DBMS에 따라 DBMS를 설치하는 순서는 상당히 다르다. 책 웹 페이지에서 데이터베이스나 스크립트를 다운로드할 때 README 파일을 찾아 DBMS에 맞는 설치 순서를 확인하자.

부록 B

Oracle Live SQL 사용하기

부록 B에서는 SQL 입문자들이 손쉽게 SQL을 연습할 수 있도록 Oracle에서 제 공하는 연습용 사이트인 Live SQL 사용법을 소개한다. DBMS에서 제공하는 클 라이언트 프로그램을 PC에 설치하면 훨씬 속도와 안정성이 뛰어나지만, 설치 가 까다롭고 배우기도 쉽지 않다. 그래서 이 책의 한국어판에서는 Oracle Live SQL을 소개함으로써 SQL을 전혀 모르는 입문자도 이 책의 예제를 손쉽게 따 라 할 수 있도록 하였다.

Oracle Live SQL 접속과 가입

1. livesql.oracle.com에 접속한다.

그림 B-1 Live SQL 홈페이지

2. 오른쪽 상단 Sign In 항목을 클릭해 Oracle 계정을 만든다.

① Sign In을 클릭하면 나오는 화면에서 계정 만들기를 클릭한다.

② Oracle 계정 만들기에서 이메일 주소, 암호 등 * 가 있는 항목을 모두 입력한다. 암호는 대문자를 포함해야 한다.

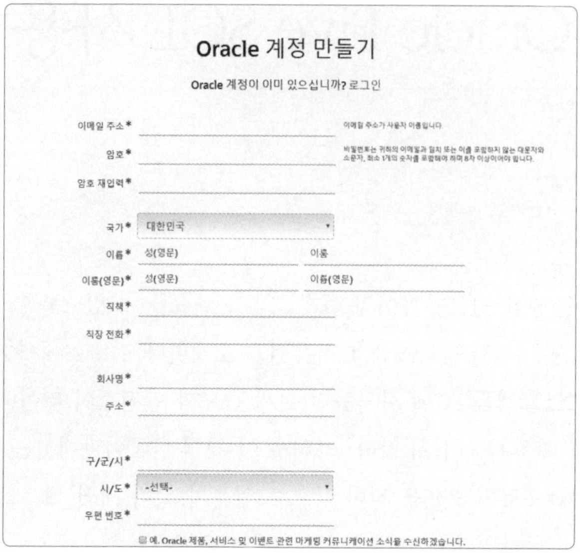

그림 B-2 Oracle 계정 만들기

③ 모두 입력했다면 개인 정보 수집에 동의 표시하고, 아래의 〈계정 만들기〉 버튼을 클릭한다. 자신의 실제 이메일을 입력해야 한다. 이메일에서 확인해야 정상적으로 계정이 만들어진다.

④ 로그인 정보를 입력하면 다시 홈페이지가 나온다. 브라우저에 자신의 아이디와 비밀번호를 자동으로 저장하는 기능이 있는 경우가 있으니, 그걸 이용하면 매번 로그인하지 않아도 된다.

초기 화면 둘러보기

화면 왼쪽 상단을 보면 다음과 같은 메뉴가 나온다.

그림 B-3 Live SQL 메뉴

- [SQL Worksheet] : 상단에 SQL 문을 입력하고 그 결과를 하단에서 확인한
  다. SQL 실습은 대부분 이곳에서 작업한다.

그림 B-4 SQL Worksheet

- [My Session] : 웹 사이트의 여러 페이지에 걸쳐 사용되는 사용자 정보를 저
  장하는 방법을 의미하는데, 사용자가 브라우저를 닫아 서버와의 연결을 끝
  내는 시점까지를 세션(Session)이라고 한다. 세션이라는 의미만 기억해둔
  다. 이 책을 실습하면서 이 메뉴를 사용할 일은 없다.
- [Schema] : 관계형 데이터베이스에서 테이블의 관계를 정의하는 데 사용한

다. GUI 방식으로 테이블을 만들고 구성하는 데 도움을 준다. 하지만 이 책을 실습하면서 이 메뉴를 사용할 일은 역시 없다.

- [My Script] : 나만의 스크립트를 저장하고 관리하는 메뉴다. 비공개, 링크, 공개 등의 옵션을 사용할 수 있다. 이 메뉴를 통해 데이터베이스를 세팅하고 SQL을 실습하게 된다.
- [Quick SQL], [My Tutorials], [Code Library] 메뉴는 여러분이 확인해 보기를 바란다. 이 책을 실습하면서 이 메뉴들을 특별히 사용할 일은 없다. 다만 Code Library 메뉴는 이 사이트에 이미 등록해 놓은 다양한 데이터베이스 예제들이 한곳에 모여 있는 곳이다.

데이터베이스 예제 파일 세팅

이제 이 책의 실습을 위해 부록 A "샘플 테이블 스크립트"를 이 사이트에 등록하도록 한다.

1. 샘플 테이블 스크립트 다운로드

   도서출판 인사이트 블로그(*http://blog.insightbook.co.kr*)의 도서 상세 페이지 하단에서 "sql_10_minutes.zip" 파일을 다운로드할 수 있게 되어 있다. 자신의 컴퓨터에 다운로드받는다.(단축 url: *https://bit.ly/305E24t*)

2. Live SQL 사이트에 테이블 스크립트 등록

   ① Live SQL 메뉴의 [My Scripts] 메뉴를 클릭한다.
   ② My Scripts 화면 오른쪽 상단의 Upload Script를 클릭한다.

그림 B-5 My Scripts

③ Upload Script 화면의 File 항목에서 1에서 다운로드한 "sql_10_minutes. sql"을 자신의 컴퓨터에서 불러온 다음, Script Name : 'SQL 10분 학습', Description : 'SQL 실습용 예제'라 입력하고 하단의 〈Upload Script〉 버튼을 클릭한다. 필수 입력 사항이므로 입력하지 않으면 등록되지 않는다.

④ 정상적으로 등록했으면 My Scripts 화면 상단 오른쪽에 있는 〈Run Script〉 버튼을 클릭한다. 빈 Script Result 화면이 뜨면서 하단 메시지 상태 줄에서는 "Live Sql이 요청에 응답하고 있습니다."라는 메시지가 나온다. 조금 시간이 걸릴 것이다. 다음과 같이 Script Results 화면이 나온다면 정상적으로 처리된 것이다.

그림 B-6 Script Results

⑤ 하단의 〈SQL Worksheet〉 버튼을 클릭한다. 클릭하면 그림 B-4의 SQL Worksheet 화면으로 이동할 것이다.

⑥ SQL Worksheet에서 다음을 따라 입력하고 상단 오른쪽 〈Run〉 버튼을 클릭하자. 다음과 같이 나오면 역시 정상적으로 처리된 것이다.

```
1 SELECT *
2 FROM Customers;
```

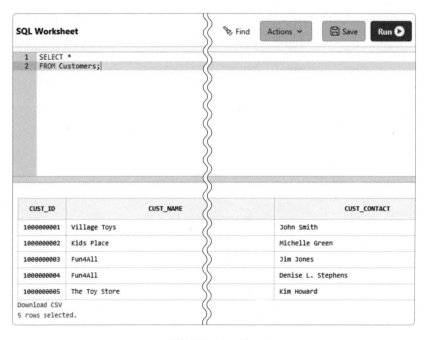

그림 B-7 SQL 코드 테스트

💡 **직접 .sql 파일을 만들 수 있다.**

이 책의 저자는 자신의 사이트(*https://forta.com/books/0135182794/*)에서 데이터베이스 예제 파일이 담긴 텍스트(.txt) 파일을 제공한다. 이 텍스트 파일을 SQL Worksheet에 모두 복사해서 실행시킨다. 그리고 <Save> 버튼을 클릭해 저장할 때, 확장자를 sql로 하면 쉽게 SQL 파일을 만들 수 있다.

세션에 대처하라

사용자가 브라우저를 닫아 서버와의 연결을 끝내는 시점까지를 세션이라고 하였다. 그런데 이 사이트에서는 브라우저를 닫거나 로그 해제에 한정하지 않고 일정 시간이 지나면 세션을 종료한다. 아마도 동시 접속자 수 관리를 통해 서버의 부하를 줄이려는 의도 때문으로 보인다. SQL 실습 중에 세션이 종료되면 SQL 명령문이 작동하지 않는다. 이때에는 다음과 같이 진행한다.

1. [My Script] 메뉴로 이동한다. 이미 Live SQL에 만들어 둔 데이터 샘플 예제가 나타난다. SQL 10분 학습 스크립트를 클릭한다.

그림 B-8 SQL 10분 학습 샘플 예제

> ⚠ **다시 로그인하기**
>
> 이 사이트의 세션 시간은 비교적 짧은 편이다. 정상적으로 처리가 되지 않으면 다시 로그인해야 할 수도 있다.

2. Script 화면이 나오면 오른쪽 상단의 〈Run Script〉 버튼을 클릭한다. 잠시 기다려 Script Result 화면이 그림 B-6과 같이 나오면 정상적으로 처리된 것이다. 다시 연습을 시작하면 된다.

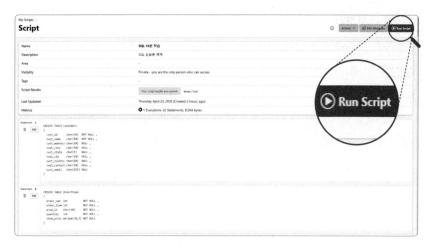

그림 B-9 SCRIPT 다시 실행하기

⚠️ **한 가지 더**

종종 세션이 종료되어 다시 샘플 데이터를 실행시키려 할 때 다음과 같은 화면이 뜨는 경우가 있다. 세션 히스토리를 삭제하라는 것으로 이해되는데, 체크 박스에 모두 체크하고 <Perform Actions(s)> 버튼을 클릭하면 정상적으로 작동한다.

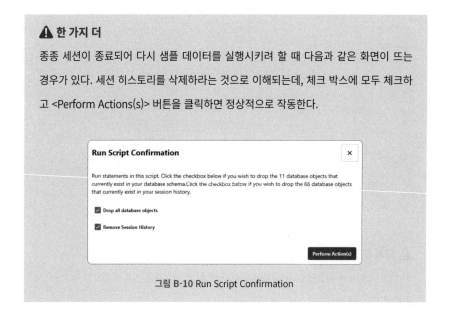

그림 B-10 Run Script Confirmation

15장부터는 한 가지 더 알아야 한다

14장까지는 SQL의 SELECT 문을 연습하기 때문에 데이터베이스 테이블을 수정하거나 삭제하는 일은 없다. 하지만 15장부터는 본격적으로 테이블을 만들거나 수정하는 작업을 수행한다. 이 경우에는 현재 이 사이트에 저장된 샘플 데이터가 변경된다. 따라서 이 샘플 데이터를 새롭게 저장해야 다음 작업에서 바뀐 테이블을 이용해 실습할 수 있다.

1. 15장부터는 SQL Worksheet에서 실습을 모두 마친 다음에는 반드시 〈Save〉 버튼으로 저장해야 한다. 그렇게 하면 최근에 작업한 세션 정보도 함께 저장하기 때문에 변경된 테이블로 다음 학습을 계속할 수 있다. SQL Work-sheet 화면 상단의 〈Save〉 버튼을 클릭한다.

그림 B-11 세션 정보 저장하기

2. Save Session 화면이 나오면 화면처럼 임의의 내용을 기록한 후 〈Save Session as Script〉 버튼을 클릭한다.

그림 B-12 Save Session

3. Script 화면에서 다시 〈Run Script〉 버튼을 클릭한다. 잠시 후에 정상적으로 작동하면 그림 B-6과 같은 결과 화면이 나온다. [My Script] 메뉴를 클릭해 이동하면 두 개의 스크립트 항목이 나올 것이다. 앞으로는 새로 만든 스크립트 파일을 실행하여 연습하면 된다.

부록 C
S Q L   i n   1 0   M i n u t e s

SQL 문법

여러분이 필요할 때마다 문법을 찾아야 하는 어려움을 덜고자, 부록 C에 자주 사용하는 SQL 문을 정리하였다. 명령문마다 간략한 설명과 함께 문법을 볼 수 있다. 명령문에 대한 설명과 함께 참조할 수 있는 장을 명시하였기 때문에 편리하게 학습할 수 있을 것이다.

SQL 문법을 읽을 때는 다음 내용을 참고하기 바란다.

· | 기호는 여러 옵션 중 하나를 나타낸다. 그래서 NULL|NOT NULL은 NULL이나 NOT NULL을 명시한다.
· 대괄호 안에 있는 키워드나 절은 선택적으로 사용할 수 있음을 나타낸다.
· 이 책에 나온 문법은 대부분 DBMS에서 동작하리라 생각하지만, 좀 더 자세한 정보나 문법 변경 등의 정보를 알기 위해서는 여러분이 사용하는 DBMS의 매뉴얼을 확인하기 바란다.

ALTER TABLE

ALTER TABLE은 존재하고 있는 테이블의 스키마를 변경하기 위해 사용한다. 새로운 테이블을 생성하려면 CREATE TABLE을 사용하면 된다. 좀 더 자세한 정보는 17장 "테이블 생성과 조작"에서 살펴보자.

```
ALTER TABLE tablename
(
  ADD|DROP column datatype [NULL|NOT NULL] [CONSTRAINTS],
  ADD|DROP column datatype [NULL|NOT NULL] [CONSTRAINTS],
  ...
);
```

COMMIT

COMMIT은 데이터베이스에 트랜잭션을 쓰기 위해 사용한다. 좀 더 자세한 정보는 20장 "트랜잭션 처리 관리하기"에서 살펴보자.

```
COMMIT [TRANSACTION];
```

CREATE INDEX

CREATE INDEX는 하나 이상의 열에 인덱스를 생성하기 위해 사용한다. 좀 더 자세한 정보는 22장 "고급 데이터 조작 옵션"을 참고하자.

```
CREATE INDEX indexname
ON tablename (column, ...);
```

CREATE PROCEDURE

CREATE PROCEDURE는 저장 프로시저를 생성하기 위해 사용한다. 좀 더 자세한 정보를 보려면 19장 "저장 프로시저 사용하기"를 살펴본다. 단 Oracle에서는 다음 예제처럼 19장에서 설명한 것과는 다른 문법을 사용한다.

```
CREATE PROCEDURE procedurename [parameters] [options]
```

```
AS
SQL statement;
```

CREATE TABLE

CREATE TABLE은 새로운 테이블을 만드는 데 사용한다. 이미 존재하는 테이블의 스키마를 변경하려면, ALTER TABLE을 사용해야 한다. 좀 더 자세한 정보는 17 장에서 살펴보자.

⊇ 입력 ▼

```
CREATE TABLE tablename
(
    column datatype [NULL|NOT NULL] [CONSTRAINTS],
    column datatype [NULL|NOT NULL] [CONSTRAINTS],
    ...
);
```

CREATE VIEW

CREATE VIEW는 하나 이상의 테이블에 새로운 뷰를 만드는 데 사용한다. 좀 더 자세한 정보를 보려면 18장 "뷰 사용하기"를 참고한다.

⊇ 입력 ▼

```
CREATE VIEW viewname AS
SELECT columns, ...
FROM tables, ...
[WHERE ...]
[GROUP BY ...]
[HAVING ...];
```

DELETE

DELETE는 테이블에서 하나 이상의 행을 삭제하기 위해 사용한다. 좀 더 자세한 정보는 16장 "데이터 업데이트와 삭제"에서 살펴보자.

```
DELETE FROM tablename
[WHERE ...];
```

DROP

DROP은 데이터베이스 객체(테이블, 뷰, 인덱스 등)를 완전히 삭제하기 위해 사용한다. 좀 더 자세한 정보를 보려면 17장과 18장을 참고하자.

```
DROP INDEX|PROCEDURE|TABLE|VIEW indexname|procedurename|tablename|
    viewname;
```

INSERT

INSERT는 테이블에 새로운 행을 하나 추가하기 위해 사용한다. 자세한 정보를 보려면 15장 "데이터 삽입하기"를 확인하자.

```
INSERT INTO tablename [(columns, ...)]
VALUES(values, ...);
```

INSERT SELECT

INSERT SELECT는 SELECT로 가져온 결과를 테이블에 삽입하기 위해 사용한다. 좀 더 자세한 정보는 15장에서 참고한다.

```
INSERT INTO tablename [(columns, ...)]
SELECT columns, ... FROM tablename, ...
[WHERE ...];
```

ROLLBACK

ROLLBACK은 트랜잭션 단위를 되돌리기 위해 사용한다. 좀 더 자세한 정보는 20장에서 살펴본다.

⤑ 입력 ▼

```
ROLLBACK [TO savepointname];
```

또는

⤑ 입력 ▼

```
ROLLBACK TRANSACTION;
```

SELECT

SELECT는 하나 이상의 테이블(또는 뷰)에서 데이터를 가져오기 위해 사용한다. 좀 더 자세한 정보를 보려면 2장 "데이터 가져오기", 3장 "가져온 데이터 정렬하기", 4장 "데이터 필터링"을 보기 바란다(2~14장은 모두 SELECT를 다룬다).

⤑ 입력 ▼

```
SELECT columnname, ...
FROM tablename, ...
[WHERE ...]
[UNION ...]
[GROUP BY ...]
[HAVING ...]
[ORDER BY ...];
```

UPDATE

UPDATE는 테이블에 있는 행을 수정하기 위해 사용한다. 좀 더 자세한 정보는 16장에서 살펴보자.

⮕ 입력 ▼

```
UPDATE tablename
SET columnname = value, ...
[WHERE ...];
```

부록 D

SQL 데이터형 사용하기

1장에서 설명한 것처럼, 데이터형은 열에 데이터가 실제로 어떻게 저장되는지를 정의하는 필수 규칙이다.

데이터형을 사용하는 이유는 다음과 같다.

- 데이터형은 열에 저장되는 데이터의 유형을 제한할 수 있게 해준다. 예를 들어 수치 데이터형은 숫자 값만 허용한다.
- 데이터형은 내부적으로 저장 공간을 효율적으로 사용할 수 있게 한다. 숫자나 날짜 값은 문자열보다 압축된 형태로 데이터를 저장한다.
- 데이터형은 정렬 순서를 지정할 수 있게 해준다. 모든 값이 문자열로 처리된다면, 1은 10 이전에 오고, 10은 2 이전에 온다(문자열은 사전 순서로 정렬되며 왼쪽에 있는 문자부터 정렬한다). 이 값이 수치 데이터형이었다면 숫자 값의 크기를 기준으로 정렬되었을 것이다.

테이블을 설계할 때, 데이터형을 신중히 선택해야 한다. 데이터형을 잘못 사용하면 응용 프로그램에 지대한 영향을 미친다. 데이터가 있는 열의 데이터형을 바꾸는 것은 단순한 작업이 아니다(거기다 데이터를 잃어버릴 위험도 있다).

이번에는 데이터형과 데이터형을 사용하는 방법을 완벽하게 설명하진 않지만, 주요 데이터형과 사용하는 이유 그리고 꼭 알아두어야 할 호환성 이슈를 설명한다.

> **⚠ DBMS마다 매우 다른 데이터형**
>
> 데이터형이 DBMS마다 매우 상이하다는 점은 이전에 언급한 적이 있지만, 다시 한번 언급할 필요가 있다고 생각한다. 데이터형은 DBMS마다 매우 다르다. 같은 데이터형 이름을 갖더라도 그 의미가 DBMS마다 다를 수 있다. 어떤 데이터형을 지원하고 어떻게 사용하는지 자세히 알려면 사용하는 DBMS의 매뉴얼을 참고하기 바란다.

문자열 데이터형

가장 흔히 사용하는 데이터형이 문자열 데이터형이다. 이 데이터형은 문자열을 저장하는데, 예를 들면 이름, 주소, 전화번호, 우편번호 등이 있다. 문자열 데이터형에는 기본적으로 두 가지 타입(고정 길이 문자열, 가변 길이 문자열)이 있다 (표 D-1을 보자).

고정 길이 문자열은 정해진 길이의 문자열만 허용하도록 정의한 데이터형이다. 그리고 그 길이는 테이블을 생성할 때 지정한다. 예를 들어 이름 열에는 30개의 문자를, 주민등록번호에는 13개의 문자를 허용할 수 있다. 고정 길이 문자열 열은 지정한 길이의 문자열 이상은 허용하지 않는다. 이 열은 지정한 길이만큼 공간을 할당한다. 그래서 이름 열에 Ben을 저장하면, 30개의 문자가 모두 저장된다(나머지 27개의 문자는 공백 문자나 NULL로 채워진다).

가변 길이 문자열은 다양한 길이의 문자열을 저장한다(최댓값은 데이터형과 DBMS에 따라 다르다). 몇몇 가변 길이 문자열형은 최솟값을 고정한다. 그 외에는 전적으로 가변적이다. 하지만 두 방법 모두 지정한 데이터만 저장한다(공백 문자와 같은 기타 데이터는 저장하지 않는다).

가변 길이 데이터형이 유연성을 갖고 있다면, 왜 고정 길이 데이터형을 사용할까? 그 답은 성능에 있다. DBMS는 가변형 열보다 고정형 열을 훨씬 빨리 정렬하고 조작할 수 있다. 또한, 많은 DBMS가 가변형 열은 인덱스를 만들 수 없게 한다. 이 또한 성능에 지대한 영향을 준다(인덱스의 좀 더 자세한 설명은 22장을 참고하자).

데이터형	설명
CHAR	1~255 길이의 문자열을 저장할 수 있는 고정 길이 문자열. 크기는 테이블을 생성할 때 정해진다.
NCHAR	멀티바이트나 유니코드 문자를 지원하기 위해 고안된 특별한 형태의 고정 길이 문자열 데이터형(정확한 사양은 DBMS마다 다름)
NVARCHAR	멀티바이트나 유니코드 문자를 지원하기 위해 고안된 특별한 형태의 가변 길이 문자열 데이터형
TEXT(LONG, MEMO, VARCHAR)	가변 길이 문자열

표 D-1 문자열 데이터형

📖 NCHAR/NVARCHAR

NCHAR나 NVARCHAR는 모든 언어의 문자 1개를 1바이트로 계산한다(실제로 저장되는 공간의 크기는 그 2배이다). CHAR나 VARCHAR가 영어 한 글자를 1바이트로, 한글은 2바이트로 계산하는 것과 달리 NCHAR와 NVARCHAR는 언어와 관계없이 한 글자를 모두 1바이트로 계산한다. NCHAR나 NVARCHAR는 다국어 지원이 필요한 데이터베이스에 주로 사용한다.

💡 작은따옴표의 사용

어떤 형태의 문자열 데이터형을 사용하든, 문자열은 항상 작은따옴표(')로 둘러싸야 한다.

⚠️ 숫자 값이 숫자가 아닐 때

여러분은 전화번호나 우편번호는 수치형 열에 저장해야 한다고 생각할 수도 있지만, 그런 사용법은 권장하지 않는다. 만약 우편번호 01234를 수치형 열에 저장하면, 숫자 1234가 저장되어 실제로 하나의 숫자(0)를 잃을 것이다. 가장 기본적인 규칙은 이렇다. 숫자가 계산(합계, 평균 등)에 사용된다면, 그 숫자는 수치 데이터형 열에 저장되어야 한다. 하지만 모두 숫자로 이루어졌어도 문자열로 쓰인다면, 문자열 데이터형 열에 저장되어야 한다.

수치 데이터형

수치 데이터형은 숫자를 저장한다. 대부분의 DBMS는 여러 수치 데이터형을 지원하는데, 저장할 수 있는 데이터의 범위가 각각 다르다. 지원하는 범위가 넓을수록, 저장 공간도 더 많이 필요하다. 또한, 몇몇 수치 데이터형은 소수점과 분수를 지원하는 반면 어떤 데이터형은 정수만을 지원한다. 표 D-2에 자주 사용하는 수치 데이터형을 정리했다. 하지만 모든 DBMS가 다음에 나오는 데이터형과 똑같은 이름이나 방식을 사용하지는 않는다.

데이터형	설명
BIT	단일 BIT 값으로 0 또는 1이다. 주로 BOOLEAN(True, False)으로 사용된다.
DECIMAL (NUMERIC)	고정 정밀도를 가진 값
FLOAT (NUMBER)	부동 소수점 값
INT (INTEGER)	4바이트의 정숫값. -2147483648~2147483647 범위의 수를 지원한다.
REAL	4바이트 부동 소수점 값
SMALLINT	2바이트 정숫값. -32768~32767 범위의 수를 지원한다.
TINYINT	1바이트 정숫값. 0~255 범위의 수를 지원한다.

표 D-2 수치 데이터형

♀ **작은따옴표를 사용하지 않는다.**

문자열과는 달리 숫자 값은 따옴표를 사용하지 않는다.

♀ **통화 데이터형**

대부분의 DBMS는 통화(화폐) 데이터를 저장하기 위해 특별한 수치 데이터형을 지원한다. 보통은 MONEY나 CURRENCY로 부르는데, 이 데이터형은 화폐값을 저장하기에 적당한 형태로 만든 DECIMAL 데이터형이다.

날짜와 시간 데이터형

모든 DBMS는 날짜와 시간을 저장할 수 있게 고안된 데이터형을 지원한다(표 D-3을 보자). 수치형처럼 대부분의 DBMS는 날짜와 시간에 대한 여러 데이터형을 지원하는데, 각각은 다루는 범위가 다르다.

데이터형	설명
DATE	날짜
DATETIME (TIMESTAMP)	날짜와 시간
SMALLDATETIME	날짜와 시간(초나 밀리세컨드(1/1000초) 단위가 아니라 분 단위까지 저장)
TIME	시간

표 D-3 날짜와 시간 데이터형

⚠ 날짜 지정하기

모든 DBMS가 이해할 수 있게 날짜를 정의하는 표준 방법은 어디에도 없다. 대부분의 실행 환경은 2020-12-30이나 Dec 30th, 2020과 같은 형태를 이해한다. 하지만 이 역시 몇 가지 DBMS에서는 문제가 될 수도 있다. DBMS가 인식하는 데이터 형식을 정확히 확인하려면 사용하는 DBMS 매뉴얼을 살펴보기 바란다.

💡 ODBC 날짜

ODBC(Open DataBase Connectivity)는 마이크로소프트가 만든, 데이터베이스에 접근하기 위한 소프트웨어의 표준 규격을 말한다. 모든 DBMS가 날짜를 지정하는 형식이 각각 다르기 때문에, ODBC는 모든 데이터베이스에서 동작하는 형식을 만들었다. ODBC 형식은 날짜의 경우 {d, '2020-12-30'}, 시간의 경우 {t, '21:46:29'}와 같다. 그리고 날짜와 시간을 모두 사용하려면 {ts, '2020-12-30 21:46:29'} 같은 식으로 쓸 수 있다. ODBC를 통해 SQL을 사용한다면 이런 방식으로 날짜와 시간 형식을 지정할 수 있다는 것을 알아두자.

바이너리 데이터형

바이너리 데이터형은 호환이 잘 안 되는 데이터형 가운데 하나이다. 그러나 다행히 잘 사용하지 않는 데이터형이기도 하다. 여태까지 설명한 데이터형처럼 저장할 데이터의 형식을 지정해야 하는 것과는 달리, 바이너리 데이터형에는 어떠한 데이터도 저장할 수 있다. 심지어 그래픽 이미지, 멀티미디어, 워드 파일 등의 바이너리 정보도 저장할 수 있다.

데이터형	설명
BINARY	고정 길이 바이너리 데이터(최대 길이는 255~8000바이트로 실행 환경마다 매우 다르다)
LONG RAW	2GB까지 저장할 수 있는 가변 길이 바이너리 데이터
RAW (BINARY)	255바이트까지 저장할 수 있는 고정 길이 바이너리 데이터
VARBINARY	가변 길이 바이너리 데이터(최대 길이는 255~8000바이트로 실행 환경마다 매우 다르다)

표 D-4 바이너리 데이터형

✎ 데이터형 비교하기

부록 A "샘플 테이블 스크립트"에 나와 있는 예제 테이블 생성 코드를 보자. 여러 DBMS에서 사용하는 스크립트를 비교하면, 데이터형을 맞추는 작업이 얼마나 복잡한지 직접 느껴볼 수 있을 것이다.

부록 E

SQL 예약어

SQL은 키워드로 이루어진 언어이다. 키워드란 SQL 연산을 수행하기 위해 사용하는 특별한 단어를 말한다. 데이터베이스, 테이블, 열과 같은 객체 기반 데이터에 이름을 지을 때는 SQL이 미리 만들어 둔 키워드를 사용하지 않도록 특별한 주의를 기울여야 한다. 그래서 이런 키워드를 예약어라고 하기도 한다.

다음은 주요 DBMS에서 자주 사용하는 키워드와 사용 시 주의할 점이다.

- 키워드는 특정 DBMS에 의존하는 경향이 있다. 아래 키워드가 DBMS에서 사용하는 키워드 전부를 명시한 것은 아니다.
- 많은 DBMS가 실행 환경에 맞춰 특별한 형태의 용어를 예약어로 확장하기도 한다. 특별히 특정 DBMS에 국한해 제공하는 키워드는 아래에 포함하지 않는다.
- 호환성과 이식성을 고려하기 위해 예약어는 무조건 사용하지 않는 것이 좋다. 내가 사용하는 DBMS에서 예약어가 아니더라도 다른 DBMS에서 예약어가 될 수 있다면, 그 단어의 사용을 피하도록 한다.

ABORT	ACTIVE	ALL
ABSOLUTE	ADD	ALLOCATE
ACTION	AFTER	ALTER

ANALYZE	CACHE	CONSTRAINT
AND	CALL	CONSTRAINTS
ANY	CASCADE	CONTAINING
ARE	CASCADED	CONTAINS
AS	CASE	CONTAINSTABLE
ASC	CAST	CONTINUE
ASCENDING	CATALOG	CONTROLROW
ASSERTION	CHANGE	CONVERT
AT	CHAR	COPY
AUTHORIZATION	CHARACTER	COUNT
AUTO	CHARACTER_LENGTH	CREATE
AUTO-INCREMENT	CHECK	CROSS
AUTOINC	CHECKPOINT	CSTRING
AVG	CLOSE	CUBE
BACKUP	CLUSTER	CURRENT
BEFORE	CLUSTERED	CURRENT_DATE
BEGIN	COALESCE	CURRENT_TIME
BETWEEN	COLLATE	CURRENT_TIMESTAMP
BIGINT	COLUMN	CURRENT_USER
BINARY	COLUMNS	CURSOR
BIT	COMMENT	DATABASE
BLOB	COMMIT	DATABASES
BOOLEAN	COMMITTED	DATE
BOTH	COMPUTE	DATETIME
BREAK	COMPUTED	DAY
BROWSE	CONDITIONAL	DBCC
BULK	CONFIRM	DEALLOCATE
BY	CONNECT	DEBUG
BYTES	CONNECTION	DEC

DECIMAL	EXEC	GO
DECLARE	EXECUTE	GOTO
DEFAULT	EXISTS	GRANT
DELETE	EXIT	GROUP
DENY	EXPLAIN	HAVING
DESC	EXTEND	HOLDLOCK
DESCENDING	EXTERNAL	HOUR
DESCRIBE	EXTRACT	IDENTITY
DISCONNECT	FALSE	IF
DISK	FETCH	IN
DISTINCT	FIELD	INACTIVE
DISTRIBUTED	FIELDS	INDEX
DIV	FILE	INDICATOR
DO	FILLFACTOR	INFILE
DOMAIN	FILTER	INNER
DOUBLE	FLOAT	INOUT
DROP	FLOPPY	INPUT
DUMMY	FOR	INSENSITIVE
DUMP	FORCE	INSERT
ELSE	FOREIGN	INT
ELSEIF	FOUND	INTEGER
ENCLOSED	FREETEXT	INTERSECT
END	FREETEXTTABLE	INTERVAL
ERRLVL	FROM	INTO
ERROREXIT	FULL	IS
ESCAPE	FUNCTION	ISOLATION
ESCAPED	GENERATOR	JOIN
EXCEPT	GET	KEY
EXCEPTION	GLOBAL	KILL

LANGUAGE	NAMES	OVERLAPS
LAST	NATIONAL	PAD
LEADING	NATURAL	PAGE
LEFT	NCHAR	PAGES
LENGTH	NEXT	PARAMETER
LEVEL	NEW	PARTIAL
LIKE	NO	PASSWORD
LIMIT	NOCHECK	PERCENT
LINENO	NONCLUSTERED	PERM
LINES	NONE	PERMANENT
LISTEN	NOT	PIPE
LOAD	NULL	PLAN
LOCAL	NULLIF	POSITION
LOCK	NUMERIC	PRECISION
LOGFILE	OF	PREPARE
LONG	OFF	PRIMARY
LOWER	OFFSET	PRINT
MANUAL	OFFSETS	PRIOR
MATCH	ON	PRIVILEGES
MAX	ONCE	PROC
MERGE	ONLY	PROCEDURE
MESSAGE	OPEN	PROCESSEXIT
MIN	OPTION	PROTECTED
MINUTE	OR	PUBLIC
MIRROREXIT	ORDER	PURGE
MODULE	OUTER	RAISERROR
MONEY	OUTPUT	READ
MONTH	OVER	READTEXT
MOVE	OVERFLOW	REAL

REFERENCES	SENSITIVE	TEMP
REGEXP	SEPARATOR	TEMPORARY
RELATIVE	SEQUENCE	TEXT
RENAME	SESSION_USER	TEXTSIZE
REPEAT	SET	THEN
REPLACE	SETUSER	TIME
REPLICATION	SHADOW	TIMESTAMP
REQUIRE	SHARED	TO
RESERV	SHOW	TOP
RESERVING	SHUTDOWN	TRAILING
RESET	SINGULAR	TRAN
RESTORE	SIZE	TRANSACTION
RESTRICT	SMALLINT	TRANSLATE
RETAIN	SNAPSHOT	TRIGGER
RETURN	SOME	TRIM
RETURNS	SORT	TRUE
REVOKE	SPACE	TRUNCATE
RIGHT	SQL	TYPE
ROLLBACK	SQLCODE	UNCOMMITTED
ROLLUP	SQLERROR	UNION
ROWCOUNT	STABILITY	UNIQUE
RULE	STARTING	UNTIL
SAVE	STARTS	UPDATE
SAVEPOINT	STATISTICS	UPDATETEXT
SCHEMA	SUBSTRING	UPPER
SECOND	SUM	USAGE
SECTION	SUSPEND	USE
SEGMENT	TABLE	USER
SELECT	TABLES	USING

VALUE	VOLUME	WORK
VALUES	WAIT	WRITE
VARCHAR	WAITFOR	WRITETEXT
VARIABLE	WHEN	XOR
VARYING	WHERE	YEAR
VERBOSE	WHILE	ZONE
VIEW	WITH	

부록 F

도전 과제 모범 답안

이 책의 해답은 *https://forta.com/books/0135182794/*의 Challenges에서도 확인할 수 있다. 결과 화면은 따로 없는데, 한국어판에서는 결과도 함께 실었다(Live SQL의 실행 결과를 보여주는 것이니 다른 DBMS를 사용한다면 여기에 실린 형식과 다를 수 있다).

2장. 데이터 가져오기

1.

⇥ 입력 ▼

```
SELECT cust_id
FROM Customers;
```

⬆ 결과 ▼

```
CUST_ID
--------------
1000000001
1000000002
1000000003
1000000004
1000000005
```

2.

➡ 입력 ▼

```
SELECT DISTINCT prod_id
FROM OrderItems;
```

➡ 결과 ▼

```
PROD_ID
----------
BR03
RGAN01
BR02
BNBG03
BR01
BNBG02
BNBG01
```

3.

➡ 입력 ▼

```
SELECT *
# SELECT cust_id
FROM Customers;
```

➡ 결과 ▼

생략

> **⚠ # 주석**
>
> 해답의 # 기호는 Live SQL에서는 에러가 발생한다. 하이픈(––)으로 대체해 사용해 보길
> 권한다.

3장. 가져온 데이터 정렬하기

1.

➡ 입력 ▼

```
SELECT cust_name
```

```
FROM Customers
ORDER BY cust_name DESC;
```

➡ 결과 ▼

```
CUST_NAME
-----------------
Village Toys
The Toy Store
Kids Place
Fun4All
Fun4All
```

2.

➡ 입력 ▼

```
SELECT cust_id, order_num
FROM Orders
ORDER BY cust_id, order_date DESC;
```

➡ 결과 ▼

```
CUST_ID          ORDER_NUM
-------------    ---------------
1000000001       20005
1000000001       20009
1000000003       20006
1000000004       20007
1000000005       20008
```

> **⚠ 검색하지 않은 열로 정렬하기**
>
> 이 문제는 함정이 하나 있다. 바로 검색하지 않은 열인 ORDER_DATE로 2번째 정렬한다
> 는 것이다. 그 차이를 잘 살펴보길 바란다.

3.

➡ 입력 ▼

```
SELECT quantity, item_price
FROM OrderItems
ORDER BY quantity DESC, item_price DESC;
```

⤷ 결과 ▼

```
QUANTITY        ITEM_PRICE
-------------   ---------------
250             2.49
250             2.49
250             2.49
100             10.99
100             5.49
100             2.99
100             2.99
100             2.99
50              11.49
50              4.49
20              5.99
10              11.99
10              8.99
10              3.49
10              3.49
10              3.49
```

4.

vend_name 다음에는 콤마(,)가 와서는 안 된다 (콤마는 여러 개의 열을 구분할 때만 사용한다). 그리고 ORDER 다음에 BY가 빠졌다.

4장. 데이터 필터링

1.

⮕ 입력 ▼

```
SELECT prod_id, prod_name
FROM Products
WHERE prod_price = 9.49;
```

⤷ 결과 ▼

```
PROD_ID         PROD_NAME
-------------   ---------------
RYL01           King doll
RYL02           Queen doll
```

2.

➡ 입력 ▼

```
SELECT prod_id, prod_name
FROM Products
WHERE prod_price >= 9;
```

➡ 결과 ▼

```
PROD_ID         PROD_NAME
------------    ---------------------
BR03            18 inch teddy bear
RYL01           King doll
RYL02           Queen doll
```

3.

➡ 입력 ▼

```
SELECT DISTINCT order_num
FROM OrderItems
WHERE quantity >= 100;
```

➡ 결과 ▼

```
ORDER_NUM
--------------
20009
20005
20007
```

4.

➡ 입력 ▼

```
SELECT prod_name, prod_price
FROM products
WHERE prod_price BETWEEN 3 AND 6
ORDER BY prod_price;
```

➡ 결과 ▼

```
PROD_NAME               PROD_PRICE
---------------------   --------------
Bird bean bag toy       3.49
```

```
Rabbit bean bag toy      3.49
Fish bean bag toy        3.49
Raggedy Ann              4.99
8 inch teddy bear        5.99
```

5장. 고급 데이터 필터링

1.

⤵ 입력 ▼

```
SELECT vend_name
FROM Vendors
WHERE vend_country = 'USA' AND vend_state = 'CA';
```

⮕ 결과 ▼

```
VEND_NAME
------------------
Doll House Inc.
```

2.

⤵ 입력 ▼

- 해법 1

```
SELECT order_num, prod_id, quantity
FROM OrderItems
WHERE (prod_id='BR01' OR prod_id='BR02' OR prod_id='BR03')
    AND quantity >=100;
```

- 해법 2

```
SELECT order_num, prod_id, quantity
FROM OrderItems
WHERE prod_id IN ('BR01','BR02','BR03')
    AND quantity >=100;
```

⮕ 결과 ▼

```
ORDER_NUM       PROD_ID       QUANTITY
------------    ------------  ------------
20005           BR01          100
20005           BR03          100
```

3.

➡ 입력 ▼

```
SELECT prod_name, prod_price
FROM products
WHERE prod_price >= 3 AND prod_price <= 6
ORDER BY prod_price;
```

➡ 결과 ▼

```
PROD_NAME                PROD_PRICE
--------------------     -------------
Bird bean bag toy        3.49
Rabbit bean bag toy      3.49
Fish bean bag toy        3.49
Raggedy Ann              4.99
8 inch teddy bear        5.99
```

4.

ORDER BY 절은 WHERE 절 다음에 와야 한다.

6장. 와일드카드 문자를 이용한 필터링

1.

➡ 입력 ▼

```
SELECT prod_name, prod_desc
FROM Products
WHERE prod_desc LIKE '%toy%';
```

➡ 결과 ▼

```
PROD_NAME            PROD_DESC
-----------------    ------------------------------------------------------------
Fish bean bag toy    Fish bean bag toy, complete with bean bag worms with which to feed it
Bird bean bag toy    Bird bean bag toy, eggs are not included
Rabbit bean bag toy  Rabbit bean bag toy, comes with bean bag carrots
```

2.

📥 **입력 ▼**

```
SELECT prod_name, prod_desc
FROM Products
WHERE NOT prod_desc LIKE '%toy%'
ORDER BY prod_name;
```

📤 **결과 ▼**

```
PROD_NAME             PROD_DESC
--------------------  ---------------------------------------------------
12 inch teddy bear    12 inch teddy bear, comes with cap and jacket
18 inch teddy bear    18 inch teddy bear, comes with cap and jacket
8 inch teddy bear     8 inch teddy bear, comes with cap and jacket
King doll             12 inch king doll with royal garments and crown
Queen doll            12 inch queen doll with royal garments and crown
Raggedy Ann           18 inch Raggedy Ann doll
```

3.

📥 **입력 ▼**

```
SELECT prod_name, prod_desc
FROM Products
WHERE prod_desc LIKE '%toy%' AND prod_desc LIKE '%carrots%';
```

📤 **결과 ▼**

```
PROD_NAME             PROD_DESC
--------------------  ---------------------------------------------------
Rabbit bean bag toy   Rabbit bean bag toy, comes with bean bag carrots
```

4.

📥 **입력 ▼**

```
SELECT prod_name, prod_desc
FROM Products
WHERE prod_desc LIKE '%toy%carrots%';
```

📤 **결과 ▼**

```
PROD_NAME             PROD_DESC
--------------------  ---------------------------------------------------
Rabbit bean bag toy   Rabbit bean bag toy, comes with bean bag carrots
```

7장. 계산 필드 생성하기

1.

➡ 입력 ▼

```
SELECT vend_id,
       vend_name AS vname,
       vend_address AS vaddress,
       vend_city AS vcity
FROM Vendors
ORDER BY vname;
```

➡ 결과 ▼

VEND_ID	VNAME	VADRESS	VCITY
BRE02	Bear Emporium	500 Park Street	Anytown
BRS01	Bears R Us	123 Main Street	Bear Town
DLL01	Doll House Inc.	555 High Street	Dollsville
FNG01	Fun and Games	42 Galaxy Road	London
FRB01	Furball Inc.	1000 5th Avenue	New York
JTS01	Jouets et ours	1 Rue Amusement	Paris

2.

➡ 입력 ▼

```
SELECT prod_id, prod_price,
       prod_price * 0.9 AS sale_price
FROM Products;
```

➡ 결과 ▼

PROD_ID	PROD_PRICE	SALE_PRICE
BR01	5.99	5.391
BR02	8.99	8.091
BR03	11.99	10.791
BNBG01	3.49	3.141
BNBG02	3.49	3.141
BNBG03	3.49	3.141
RGAN01	4.99	4.491
RYL01	9.49	8.541
RYL02	9.49	8.541

8장. 데이터 조작 함수 사용하기

1.

➡️ 입력 ▼

- Db2, PostgreSQL

```
SELECT cust_id, cust_name,
       UPPER(LEFT(cust_contact, 2)) || UPPER(LEFT(cust_city, 3))
       AS user_login
FROM customers;
```

- Oracle, SQLite

```
SELECT cust_id, cust_name,
       UPPER(SUBSTR(cust_contact, 1, 2)) || UPPER(SUBSTR(cust_city, 1, 3))
       AS user_login
FROM customers;
```

- MySQL

```
SELECT cust_id, cust_name,
       CONCAT(UPPER(LEFT(cust_contact, 2)), UPPER(LEFT(cust_city, 3)))
       AS user_login
FROM customers;
```

- SQL Server

```
SELECT cust_id, cust_name,
       UPPER(LEFT(cust_contact, 2)) + UPPER(LEFT(cust_city, 3))
       AS user_login
FROM customers;
```

➡️ 결과 ▼

```
CUST_ID          CUST_NAME          USER_LOGIN
-------------    ----------------    ---------------
1000000001       Village Toys       JODET
1000000002       Kids Place         MICOL
1000000003       Fun4All            JIMUN
1000000004       Fun4All            DEPHO
1000000005       The Toy Store      KICHI
```

2.

➡ 입력 ▼

- Db2, MariaDB, MySQL

```
SELECT order_num, order_date
FROM Orders
WHERE YEAR(order_date) = 2020 AND MONTH(order_date) = 1
ORDER BY order_date;
```

- Oracle, PostgreSQL

```
SELECT order_num, order_date
FROM Orders
WHERE EXTRACT(year FROM order_date) = 2020 AND EXTRACT(month FROM
    order_date) = 1
ORDER BY order_date;
```

- PostgreSQL

```
SELECT order_num, order_date
FROM Orders
WHERE DATE_PART('year', order_date) = 2020
AND DATE_PART('month', order_date) = 1
ORDER BY order_num;
```

- SQL Server

```
SELECT order_num, order_date
FROM Orders
WHERE DATEPART(yy, order_date) = 2020 AND DATEPART(mm, order_date) = 1
ORDER BY order_date;
```

- SQLite

```
SELECT order_num
FROM Orders
WHERE strftime('%Y', order_date) = '2020'
    AND strftime('%m', order_date) = '01';
ORDER BY order_date;
```

➡ 결과 ▼

ORDER_NUM	ORDER_DATE
20006	12-JAN-20
20007	30-JAN-20

9장. 데이터 요약

1.

➡️ 입력▼

```
SELECT SUM(quantity) AS items_ordered
FROM OrderItems;
```

➡️ 결과▼

```
ITEMS_ORDERED
-------------------
1430
```

2.

➡️ 입력▼

```
SELECT SUM(quantity) AS items_ordered
FROM OrderItems
WHERE prod_id = 'BR01';
```

➡️ 결과▼

```
ITEMS_ORDERED
-------------------
120
```

3.

➡️ 입력▼

```
SELECT MAX(prod_price) AS max_price
FROM Products
WHERE prod_price <= 10;
```

➡️ 결과▼

```
MAX_PRICE
-------------------
9.49
```

10장. 데이터 그룹핑

1.

📥 입력 ▼

```
SELECT order_num, COUNT(*) AS order_lines
FROM OrderItems
GROUP BY order_num
ORDER BY order_lines;
```

📤 결과 ▼

ORDER_NUM	ORDER_LINES
20005	2
20006	3
20009	3
20008	5
20007	5

2.

📥 입력 ▼

```
SELECT vend_id, MIN(prod_price) AS cheapest_item
FROM Products
GROUP BY vend_id
ORDER BY cheapest_item;
```

📤 결과 ▼

VEND_ID	CHEAPEST_ITEM
DLL01	3.49
BRS01	5.99
FNG01	9.49

3.

📥 입력 ▼

```
SELECT order_num
FROM OrderItems
GROUP BY order_num
```

```
HAVING SUM(quantity) >= 100
ORDER BY order_num;
```

📥 결과 ▼

```
ORDER_NUM
--------------
20005
20007
20009
```

4.

📤 입력 ▼

```
SELECT order_num, SUM(item_price*quantity) AS total_price
FROM OrderItems
GROUP BY order_num
HAVING SUM(item_price*quantity) >= 1000
ORDER BY order_num;
```

📥 결과 ▼

```
ORDER_NUM         TOTAL_PRICE
---------------   --------------
20005             1648
20007             1696
20009             1867.5
```

5.

GROUP BY 절의 items 열이 잘못되었다. GROUP BY 절은 집계 계산 열이 아닌 실제 테이블의 열이어야 한다. order_num 열은 이용할 수 있다.

11장. 서브쿼리 사용하기

1.

📤 입력 ▼

```
SELECT cust_id
FROM Orders
WHERE order_num IN (SELECT order_num
                    FROM OrderItems
                    WHERE item_price >= 10);
```

⇥ 결과 ▼

```
CUST_ID
--------------
1000000001
1000000003
1000000004
1000000005
```

2.

→ 입력 ▼

```
SELECT cust_id, order_date
FROM orders
WHERE order_num IN (SELECT order_num
                    FROM OrderItems
                    WHERE prod_id = 'BR01')
ORDER BY order_date;
```

⇥ 결과 ▼

```
CUST_ID          ORDER_DATE
--------------   ---------------
1000000003       12-JAN-20
1000000001       01-MAY-20
```

3.

→ 입력 ▼

```
SELECT cust_email
FROM Customers
WHERE cust_id IN (SELECT cust_id
                  FROM Orders
                  WHERE order_num IN (SELECT order_num
                                      FROM OrderItems
                                      WHERE prod_id = 'BR01'));
```

⇥ 결과 ▼

```
CUST_EMAIL
-----------------------
jjones@fun4all.com
sales@villagetoys.com
```

4.

➡ 입력 ▼

```
SELECT cust_id,
       (SELECT SUM(item_price*quantity)
       FROM OrderItems
       WHERE Orders.order_num = OrderItems.order_num) AS total_ordered
FROM Orders
ORDER BY total_ordered DESC;
```

➡ 결과 ▼

```
CUST_ID           TOTAL_ORDERED
-------------     --------------------
1000000001        1867.5
1000000004        1696
1000000001        1648
1000000003        329.6
1000000005        189.6
```

5.

➡ 입력 ▼

```
SELECT prod_name,
       (SELECT Sum(quantity)
       FROM OrderItems
       WHERE Products.prod_id=OrderItems.prod_id) AS quant_sold
FROM Products;
```

➡ 결과 ▼

```
PROD_NAME                QUANT_SOLD
----------------------   ---------------
Fish bean bag toy        360
Bird bean bag toy        360
Rabbit bean bag toy      360
8 inch teddy bear        120
12 inch teddy bear       10
18 inch teddy bear       165
Raggedy Ann              55
King doll                -
Queen doll               -
```

12장. 테이블 조인

1.

- 이퀴 조인(Equijoin) 문법

```
SELECT cust_name, order_num
FROM Customers, Orders
WHERE Customers.cust_id = Orders.cust_id
ORDER BY cust_name, order_num;
```

- 표준 내부 조인(ANSI INNER JOIN) 문법

```
SELECT cust_name, order_num
FROM Customers INNER JOIN Orders
  ON Customers.cust_id = Orders.cust_id
ORDER BY cust_name, order_num;
```

➡ 결과 ▼

```
CUST_NAME        ORDER_NUM
--------------   ---------------
Fun4All          20006
Fun4All          20007
The Toy Store    20008
Village Toys     20005
Village Toys     20009
```

2.

- 서브쿼리를 이용한 해법

```
SELECT cust_name,
       order_num,
       (SELECT Sum(item_price*quantity)
       FROM OrderItems
       WHERE Orders.order_num=OrderItems.order_num) AS OrderTotal
FROM Customers, Orders
WHERE Customers.cust_id = Orders.cust_id
ORDER BY cust_name, order_num;
```

- 조인을 이용한 해법

```
SELECT cust_name,
       Orders.order_num,
       Sum(item_price*quantity) AS OrderTotal
```

```
        FROM Customers, Orders, OrderItems
        WHERE Customers.cust_id = Orders.cust_id
          AND Orders.order_num = OrderItems.order_num
        GROUP BY cust_name, Orders.order_num
        ORDER BY cust_name, order_num;
```

➡ 결과 ▼

```
CUST_NAME          ORDER_NUM          ORDERTOTAL
--------------     ----------------   ----------------
Fun4All            20006              329.6
Fun4All            20007              1696
The Toy Store      20008              189.6
Village Toys       20005              1648
Village Toys       20009              1867.5
```

3.

➡ 입력 ▼

```
SELECT cust_id, order_date
FROM Orders, OrderItems
WHERE Orders.order_num = OrderItems.order_num
      AND prod_id = 'BR01'
ORDER BY order_date;
```

➡ 결과 ▼

```
CUST_ID            ORDER_DATE
-------------      ---------------
1000000003         12-JAN-20
1000000001         01-MAY-20
```

4.

➡ 입력 ▼

```
SELECT cust_email
FROM Customers
  INNER JOIN Orders ON Customers.cust_id = Orders.cust_id
  INNER JOIN OrderItems ON Orders.order_num = OrderItems.order_num
WHERE prod_id = 'BR01';
```

➡ 결과 ▼

```
CUST_EMAIL
-------------------------
```

sales@villagetoys.com
jjones@fun4all.com

5.

➡️ 입력 ▼

- 이퀴 조인(Equijoin) 문법

```
SELECT cust_name, SUM(item_price*quantity) AS total_price
FROM Customers, Orders, OrderItems
WHERE Customers.cust_id = Orders.cust_id
  AND Orders.order_num = OrderItems.order_num
GROUP BY cust_name
HAVING SUM(item_price*quantity) >= 1000
ORDER BY cust_name;
```

- 표준 내부 조인(ANSI INNER JOIN) 문법

```
SELECT cust_name, SUM(item_price*quantity) AS total_price
FROM Customers
  INNER JOIN Orders ON Customers.cust_id = Orders.cust_id
  INNER JOIN OrderItems ON Orders.order_num = OrderItems.order_num
GROUP BY cust_name
HAVING SUM(item_price*quantity) >= 1000
ORDER BY cust_name;
```

➡️ 결과 ▼

```
CUST_NAME        TOTAL_PRICE
-------------    ---------------
Fun4All          2025.6
Village Toys     3515.5
```

13장. 고급 테이블 조인 생성하기

1.

➡️ 입력 ▼

```
SELECT cust_name, order_num
FROM Customers JOIN Orders
  ON Customers.cust_id = Orders.cust_id
ORDER BY cust_name;
```

➡️ 결과 ▼

```
CUST_NAME           ORDER_NUM
---------------     ---------------
Fun4All             20007
Fun4All             20006
The Toy Store       20008
Village Toys        20009
Village Toys        20005
```

2.

➡️ 입력 ▼

```
SELECT cust_name, order_num
FROM Customers LEFT OUTER JOIN Orders
  ON Customers.cust_id = Orders.cust_id
ORDER BY cust_name;
```

➡️ 결과 ▼

```
CUST_NAME           ORDER_NUM
---------------     ---------------
Fun4All             20007
Fun4All             20006
Kids Place          -
The Toy Store       20008
Village Toys        20009
Village Toys        20005
```

3.

➡️ 입력 ▼

```
SELECT prod_name, order_num
FROM Products LEFT OUTER JOIN OrderItems
  ON Products.prod_id = OrderItems.prod_id
ORDER BY prod_name;
```

➡️ 결과 ▼

```
PROD_NAME              ORDER_NUM
--------------------   ---------------
12 inch teddy bear     20006
18 inch teddy bear     20008
18 inch teddy bear     20007
```

```
18 inch teddy bear      20005
18 inch teddy bear      20006
8 inch teddy bear       20006
8 inch teddy bear       20005
Bird bean bag toy       20007
Bird bean bag toy       20009
Bird bean bag toy       20008
Fish bean bag toy       20007
Fish bean bag toy       20009
Fish bean bag toy       20008
King doll               -
Queen doll              -
Rabbit bean bag toy     20008
Rabbit bean bag toy     20007
Rabbit bean bag toy     20009
Raggedy Ann             20008
Raggedy Ann             20007
```

4.

➡ 입력 ▼

```
SELECT prod_name, COUNT(order_num) AS orders
FROM Products LEFT OUTER JOIN OrderItems
  ON Products.prod_id = OrderItems.prod_id
GROUP BY prod_name
ORDER BY prod_name;
```

➡ 결과 ▼

```
PROD_NAME               ORDERS
--------------------    ---------
12 inch teddy bear      1
18 inch teddy bear      4
8 inch teddy bear       2
Bird bean bag toy       3
Fish bean bag toy       3
King doll               0
Queen doll              0
Rabbit bean bag toy     3
Raggedy Ann             2
```

5.

⊒ 입력 ▼

```
SELECT Vendors.vend_id, COUNT(prod_id)
FROM Vendors LEFT OUTER JOIN Products
  ON Vendors.vend_id = Products.vend_id
GROUP BY Vendors.vend_id;
```

⊑ 결과 ▼

VEND_ID	COUNT(PROD_ID)
BRS01	3
DLL01	4
FNG01	2
JTS01	0
BRE02	0
FRB01	0

14장. 쿼리 결합하기

1.

⊒ 입력 ▼

```
SELECT prod_id, quantity
FROM OrderItems
WHERE quantity = 100
UNION
SELECT prod_id, quantity
FROM OrderItems
WHERE prod_id LIKE 'BNBG%'
ORDER BY prod_id;
```

⊑ 결과 ▼

PROD_ID	QUANTITY
BNBG01	10
BNBG01	100
BNBG01	250
BNBG02	10
BNBG02	100
BNBG02	250
BNBG03	10

```
BNBG03      100
BNBG03      250
BR01        100
BR03        100
```

2.

➡️ 입력 ▼

```
SELECT prod_id, quantity
FROM OrderItems
WHERE quantity = 100 OR prod_id LIKE 'BNBG%'
ORDER BY prod_id;
```

➡️ 결과 ▼

도전 과제 1번과 동일

3.

➡️ 입력 ▼

```
SELECT prod_name
FROM Products
UNION
SELECT cust_name
FROM Customers
ORDER BY prod_name;
```

➡️ 결과 ▼

```
PROD_NAME
--------------------
12 inch teddy bear
18 inch teddy bear
8 inch teddy bear
Bird bean bag toy
Fish bean bag toy
Fun4All
Kids Place
King doll
Queen doll
Rabbit bean bag toy
Raggedy Ann
The Toy Store
Village Toys
```

4.

세미콜론(;)은 첫 번째 SELECT 문 뒤에는 올 수 없는데, SQL 문을 끝내는 명령어이기 때문이다. 또한 UNION으로 결합된 SELECT 문을 정렬하기 위해 ORDER BY 절을 사용하려면 마지막 SELECT 문 뒤에 오게 해야 한다.

15장. 데이터 삽입하기

1.

⊐ 입력 ▼

```
-- 여러분의 정보를 등록해 보라.
INSERT INTO Customers(cust_id,
                      cust_name,
                      cust_address,
                      cust_city,
                      cust_state,
                      cust_zip,
                      cust_country,
                      cust_email)
VALUES(1000000042,
       'Ben''s Toys',
       '123 Main Street',
       'Oak Park',
       'MI',
       '48237',
       'USA',
       'ben@forta.com');
```

➡ 결과 ▼

1 row(s) inserted.

♀ 원래 대문자

잘 등록되었는지 확인하려면 SELECT 문을 이용해 검색해보자.

2.

➡️ 입력 ▼

- MySQL, MariaDB, Oracle, PostgreSQL, SQLite

```
CREATE TABLE OrdersBackup AS SELECT * FROM Orders;
CREATE TABLE OrderItemsBackup AS SELECT * FROM OrderItems;
```

- SQL Server

```
SELECT * INTO OrdersBackup FROM Orders;
SELECT * INTO OrderItemsBackup FROM OrderItems;
```

➡️ 결과 ▼

Table created.

16장. 데이터 업데이트와 삭제

1.

➡️ 입력 ▼

```
UPDATE Vendors
SET vend_state = UPPER(vend_state)
WHERE vend_country = 'USA';
UPDATE Customers
SET cust_state = UPPER(cust_state)
WHERE cust_country = 'USA';
```

➡️ 결과 ▼

4 row(s) updated.
6 row(s) updated.

> ✏️ **원래 대문자**
>
> 왜? Vendors 테이블은 4행이 업데이트되었을까? SELECT 문으로 직접 이유를 확인해
> 보도록 하자. 아마도 vend_state, cust_state의 값은 원래부터 대문자로 입력했었기
> 에 특별히 값이 달라지지 않았을 것이다.

2.

⤴ 입력 ▼

- 먼저 SELECT 문으로 삭제하려는 데이터를 확인해 보자.

```
SELECT * FROM Customers
WHERE cust_id = 1000000042;
```

- 그런 다음 삭제한다.

```
DELETE Customers
WHERE cust_id = 1000000042;
```

➡ 결과 ▼

1 row(s) deleted.

17장. 테이블 생성과 조작

1.

⤴ 입력 ▼

```
ALTER TABLE Vendors
ADD vend_web CHAR(100);
```

➡ 결과 ▼

Table altered.

2.

⤴ 입력 ▼

```
UPDATE Vendors
SET vend_web = 'https://google.com/'
WHERE vend_id = 'DLL01';
```

➡ 결과 ▼

1 row(s) updated.

18장. 뷰 사용하기

1.

➡️ **입력 ▼**

```
CREATE VIEW CustomersWithOrders AS
SELECT Customers.cust_id,
Customers.cust_name,
Customers.cust_address,
Customers.cust_city,
Customers.cust_state,
Customers.cust_zip,
Customers.cust_country,
Customers.cust_contact,
Customers.cust_email
FROM Customers
JOIN Orders ON Customers.cust_id = Orders.cust_id;

SELECT * FROM CustomersWithOrders;
```

➡️ **결과 ▼**

CUST_NAME	CUST_ADDRESS	CUST_CITY	(중략)	CUST_EMAIL
1000000001	Village Toys	200 Maple Lane	~	sales@villagetoys.com
1000000003	Fun4All	1 Sunny Place	~	jjones@fun4all.com
1000000004	Fun4All	829 Riverside Drive	~	dstephens@fun4all.com
1000000005	The Toy Store	4545 53rd Street	~	-
1000000001	Village Toys	200 Maple Lane	~	sales@villagetoys.com

2.

ORDER BY 절은 뷰에서 허용하지 않는다.

찾아보기

To...	See...
... SQL에 대해 배우려면	page 1
... 데이터베이스 테이블에서 데이터를 검색하려면	page 13
... 검색된 데이터를 정렬하려면,	page 27
... 데이터 검색에 필터를 적용하려면	page 35
... 고급 필터링 기술을 사용하려면	page 43
... 와일드카드를 이용하여 검색하려면	page 53
... 계산 필드와 별칭을 사용하려면	page 63
... 데이터 조작 함수를 활용하려면	page 75
... 쿼리 결과를 요약하려면	page 87
... 쿼리 결과를 그룹핑하려면	page 99
... 서브 쿼리를 사용하려면	page 109
... 조인이 무엇인지 알려면	page 119
... 고급 조인 유형을 사용하려면	page 131
... 쿼리를 결합하여 결과를 하나로 얻으려면	page 143
... 테이블에 데이터를 삽입하려면	page 153
... 테이블에서 데이터를 업데이트하거나 삭제하려면	page 163
... 데이터베이스 테이블을 생성하거나 변경하려면	page 171
... 뷰를 생성하거나 사용하려면	page 181
... 저장 프로시저에 대해 배우려면	page 193
... 트랜잭션 처리를 실행하려면	page 203
... 커서에 대해 배우려면	page 211
... 제약 조건, 인덱스 및 트리거를 사용하려면	page 219

자주 사용되는 SQL 구문

ALTER TABLE

기존 테이블의 스키마를 업데이트한다.

테이블을 생성하려면 CREATE TABLE을 사용한다.

➡ 17장 "테이블 생성과 조작"을 참조한다.

COMMIT

변경된 작업 내용(트랜잭션)을 데이터베이스에 저장한다.

➡ 20장 "트랜잭션 처리 관리하기"를 참조한다.

CREATE INDEX

하나 이상의 열에 인덱스를 생성한다.

➡ 22장 "고급 데이터 조작 옵션"을 참조한다.

CREATE TABLE

데이터베이스에서 새 테이블을 생성한다.

기존 테이블의 스키마를 업데이트하려면 ALTER TABLE을 사용한다.

➡ 17장 "테이블 생성과 조작"을 참조한다.

CREATE VIEW

하나 이상의 테이블에 새 뷰를 생성한다.

➡ 18장 "뷰 사용하기"를 참조한다.

DELETE

테이블에서 하나 이상의 행을 삭제한다.

➡ 16장 "데이터 업데이트와 삭제"를 참조한다.

DROP

데이터베이스에서 대상(테이블, 뷰, 인덱스 등)을 영구적으로 삭제한다.

➡ 17장 "테이블 생성과 조작"과 18장 "뷰 사용하기"를 참조한다.

INSERT

테이블에 하나의 행을 추가한다.

➡ 15장 "데이터 삽입하기"를 참조한다.

INSERT SELECT

SELECT하여 가져온 결과를 테이블에 삽입한다.

➡ 15장 "데이터 삽입하기"를 참조한다.

ROLLBACK

변경된 작업 내용(실행한 트랜잭션)을 취소할 때 사용한다.

➡ 20장 "트랜잭션 처리 관리하기"를 참조한다.

SELECT

하나 이상의 테이블(또는 뷰)에서 데이터를 검색한다.

➡ 2장 "데이터 가져오기", 3장 "가져온 데이터 정렬하기", 4장 "데이터 필터링"을 참조한다 (2장에서 14장에 걸쳐 SELECT의 다양한 면을 다룬다).

UPDATE

테이블에서 하나 이상의 행을 업데이트한다.

➡ 16장 "데이터 업데이트와 삭제"를 참조한다.